W0469003

Savia

ciencias de la naturaleza

sm

6 primaria

TU LIBRO

Qué importante es...

- la biodiversidad.
- el derecho a la salud.
- reciclar y reutilizar materiales...

Comenzarás cada unidad reflexionando sobre un valor a partir de un texto o una imagen.

Secciones más destacadas

CONTENIDOS

- Contextos iniciales.
- Imágenes que ayudan a la comprensión de los contenidos.
- Interesantes curiosidades en *¿Sabías que...?*

TALLER DE CIENCIAS

Conocerás procedimientos que te acercarán al mundo científico.

ORGANIZA TUS IDEAS

- Repasa la unidad con organizadores gráficos.
- Diccionario científico.
- Actividades para trabajar con el esquema.
- Adivinanzas.

Ponte a prueba

Pon en marcha tus competencias y comprueba lo que has aprendido con la **tarea final**.

Y además...

Al final de cada trimestre

- TU REVISTA
- COMPRUEBA LO QUE HAS APRENDIDO
- PROYECTO TRIMESTRAL

Al final del libro

LOCOS POR LA CIENCIA

Científicos e investigadores que han destacado por sus aportaciones en el ámbito de la ciencia.

Tu entorno de aprendizaje Saviadigital

(www.smsaviadigital.com)
Tu sitio en la web para aprender y divertirte.

Ponte a punto

Actividades iniciales para recordar lo que ya sabes y prepararte para seguir aprendiendo.

Observa y relaciona/Comprende

Vídeos y animaciones que te ayudarán a comprender mejor los contenidos.

Vídeo

Juega y aprende/Practica

Juegos y actividades. Así, todo lo que aprendas no se te olvidará.

Actividad interactiva

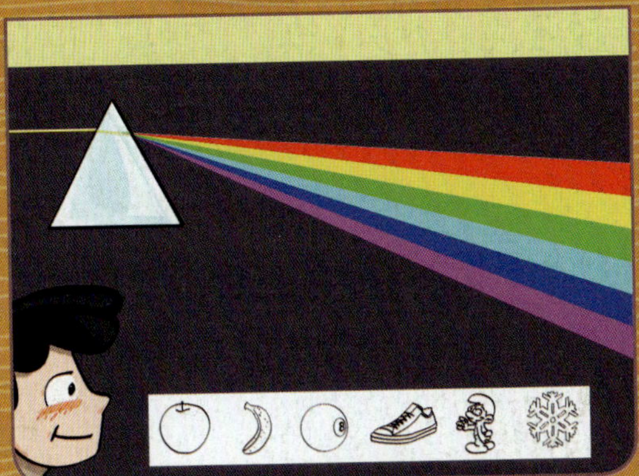

Valora lo aprendido

Actividades finales con las que comprobarás todo lo que has aprendido y cómo has trabajado.

Entrar en Saviadigital es fácil:

1. Escribe en internet la siguiente dirección: smsaviadigital.com
2. Regístrate. Anota y recuerda tu usuario y contraseña.
3. Introduce el número de licencia que encontrarás nada más abrir tu libro.

Índice

Más actividades y contenidos en smSaviadigital.com

unidad

1 Los seres vivos

¡Qué importante es... la biodiversidad!

La gran variedad de seres vivos que existe en nuestro planeta constituye una riqueza. Pero algunas especies se encuentran en peligro de extinción.

Está en nuestras manos hacer lo posible para protegerlas y lograr que esta biodiversidad no desaparezca.

Tarea final

A lo largo de la unidad realizarás un cómic, un esquema visual y un artículo de revista sobre los seres vivos, y podrás compartir con tus compañeros lo que has aprendido.

¡Cuánta variedad en casa!

Organicé un acuario con fondo de arena y lo decoré con ramitas muertas y plantas acuáticas. Deposité la araña en una de las ramitas que sobresalía por encima del agua y esperé a ver qué hacía.

Inmediatamente corrió por la ramita abajo y se sumergió en el agua, donde adquirió un vivo y hermoso color plata por las numerosas burbujas de aire diminutas que quedaban atrapadas en las vellosidades de su cuerpo.

GERALD DURRELL: *Bichos y demás parientes.*
Alianza Editorial

Hablamos

1. Gerald Durrell, el autor del texto, era un gran experto en animales. Cuando era pequeño, se dedicaba a observar seres vivos. Para llegar a ser un gran naturalista como él, ¿qué cualidades crees que se deben tener?

2. El texto cuenta que la araña se introduce en el agua. ¿Qué le ocurrirá después? Fíjate en la imagen y expón en clase la opción que crees que es correcta.
   A. Se ahogará porque las arañas no son capaces de nadar.
   B. Seguirá viva, ya que las arañas no necesitan respirar.
   C. Respirará bajo el agua, ya que las burbujitas de aire actúan como la botella de un submarinista.

3. ¿Qué ventajas proporcionan las plantas acuáticas a un acuario? ¡Ojo, puede haber más de una respuesta correcta!
   A. Permiten respirar a los peces y a otros organismos acuáticos, pues generan oxígeno.
   B. Aportan alimento a los organismos del acuario.
   C. Tienen solo una función estética. Mejor ponerlas de plástico y así no se estropean.

4. **¿Y tú qué opinas?** Algunas actividades humanas alteran el medioambiente. ¿Cómo crees que puede afectar este hecho a los seres vivos que habitan en él?

1 Las características de los seres vivos

Es evidente que un gato y un geranio son **seres vivos**. El geranio crece y florece; además, necesita agua y luz. El gato corre, salta y ronronea si lo acaricias, y también se alimenta.

La llama de la imagen también se mueve y, sin embargo, no es un ser vivo.

¿En qué se parecen todos los seres vivos? ¿Qué los diferencia de la materia inerte?

Las funciones vitales

Todos los seres vivos se parecen en que realizan una serie de funciones, llamadas **funciones vitales**. Son las funciones de **nutrición**, **relación** y **reproducción**.

Nutrición

La **función de nutrición** consiste en transformar los alimentos en sustancias más sencillas, llamadas **nutrientes**, y en energía.

Algunos seres vivos, como las plantas, fabrican sus propios nutrientes con ayuda de la luz. Otros, como los animales, se alimentan de otros seres vivos.

Las hojas de roble captan la luz solar.

Los ciervos se alimentan de plantas.

Relación

La **función de relación** consiste en percibir los cambios que se producen tanto en el entorno como en el interior del organismo y reaccionar ante ellos.

Por ejemplo, las plantas crecen buscando la luz solar, y los animales se asustan cuando perciben un peligro.

La palmera busca la luz que necesita.

El gato se eriza al ver al perro.

Reproducción

La **función de reproducción** permite a los seres vivos tener descendientes parecidos a ellos.

Así, la fecundación de una flor origina semillas que, al germinar, desarrollan nuevas plantas. Y las crías de los animales son nuevos organismos que se parecen a sus padres.

La planta se reproduce por la flor.

Las tortugas nacen de un huevo.

El tamaño de los seres vivos

El roble, el gato o la tortuga son seres vivos que vemos a simple vista. Son **seres macroscópicos**.

Existen otros seres vivos tan pequeños que no podemos observarlos ni siquiera con una lupa. Para verlos necesitamos un instrumento llamado microscopio. Por eso se llaman **seres microscópicos** o **microorganismos**. A pesar de su reducido tamaño, estos seres también realizan las funciones vitales.

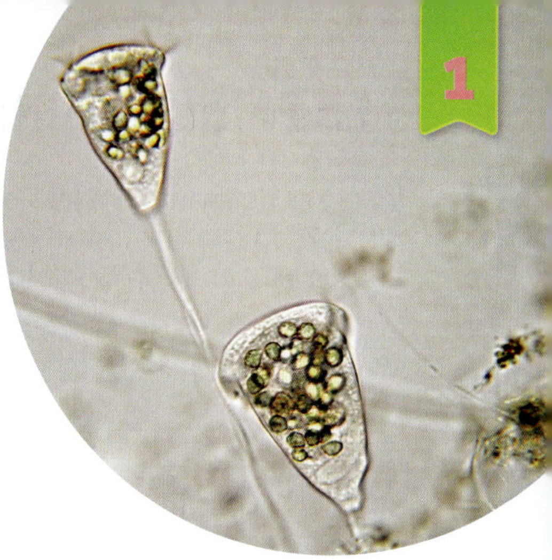

Microorganismos de una gota de agua vistos al microscopio.

Algunos seres vivos son tan pequeños que no podemos verlos ni con una lupa.

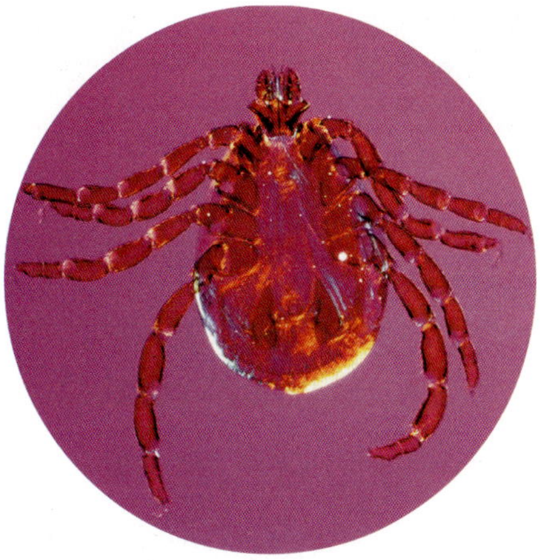

El microscopio permite observar y estudiar los ácaros del polvo con detalle.

- Las **funciones vitales** de todos los seres vivos son la **nutrición**, la **relación** y la **reproducción**.
- Los seres que se distinguen a simple vista se llaman **seres macroscópicos**. Los que no se ven se llaman **seres microscópicos** o **microorganismos**. Para observarlos necesitamos un instrumento llamado **microscopio**.

¿Sabías que...?

Hay un mundo microscópico

El primer científico que observó seres microscópicos fue Anton van Leeuwenhoek, en el siglo XVII.

El joven Leeuwenhoek era muy curioso. Tanto, que aprendió a tallar lentes y descubrió a través de ellas un mundo microscópico.

A pesar de que tuvo que dejar sus estudios para trabajar, gracias a su curiosidad acabó siendo un buen investigador.

Actividades

1. Explica en qué consisten las funciones vitales de los seres vivos. Utiliza ejemplos.
2. Señala en tu cuaderno con qué función vital están relacionadas estas oraciones.
   - Un girasol crece hacia el sol.
   - Un zorro caza un conejo para comérselo.
   - Una gallina pone un huevo.
   - Una judía germina.
3. ¿Crees que sería posible conocer todos los seres vivos si no se hubiera inventado el microscopio? ¿Por qué?

Relaciona

4. Buscad en revistas, periódicos o internet fotografías de diferentes seres vivos que estén realizando distintas acciones. Recortadlas, ordenadlas y clasificadlas según la función vital que estén realizando.

   Podéis realizar un mural por grupos y exponerlo en clase.
5. Elige un ser vivo y, en un folio, diseña un cómic con seis viñetas sobre sus funciones vitales.

2 La célula, unidad de vida

Ya sabes que tanto un gato como un geranio son seres vivos. En apariencia son muy distintos. Pero si observas una pequeña muestra de ambos al microscopio, ¿tendrán algo en común?

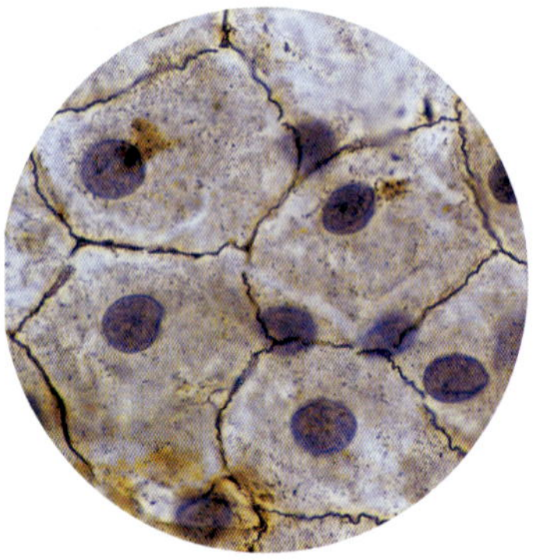

Células del gato

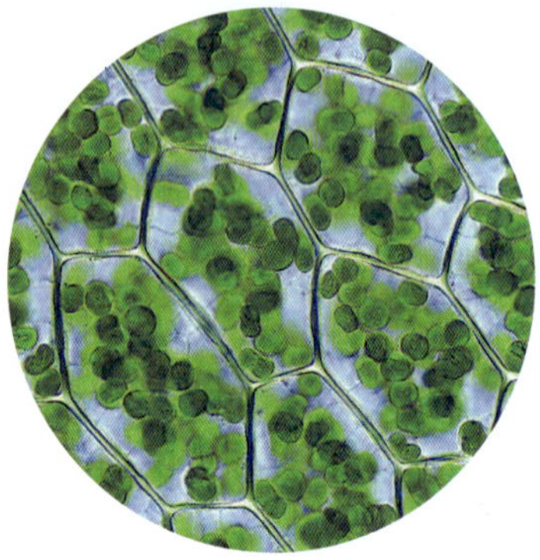

Células del geranio

Esto es lo que se puede ver al observar una muestra de un gato y de un geranio a través del microscopio. Como ves, en ambos casos hay pequeñas unidades, llamadas **células**.

¿Qué es una célula?

La célula es la parte más pequeña de los seres vivos que tiene vida propia, ya que realiza las tres funciones vitales: **se nutre**, **se relaciona** y **se reproduce**.

Todos los seres vivos estamos formados por células. Pero, ¿en qué se parecen y en qué se diferencian las células de los animales de las de los vegetales?

Células animales y vegetales

Las células animales y vegetales se parecen mucho. Ambas tienen **membrana celular**, **citoplasma**, **orgánulos** y **núcleo**.

- La **membrana celular** es la envoltura externa de la célula, y participa en la función de relación.
- El **citoplasma** ocupa el interior de la célula. Es un líquido viscoso en el que flotan los orgánulos.
- Los **orgánulos** realizan algunas funciones de la célula, como fabricar sustancias y obtener energía.
- El **núcleo** contiene el material necesario para reproducirse y dirige las actividades de la célula. En las células animales y vegetales el núcleo está separado del citoplasma por una membrana.

Las células vegetales poseen, además, **cloroplastos** y **pared celular**.

- Los **cloroplastos** son unos orgánulos verdes que captan la luz y fabrican los nutrientes.
- La **pared celular** es una estructura rígida que rodea la membrana celular y protege a la célula.

Célula animal

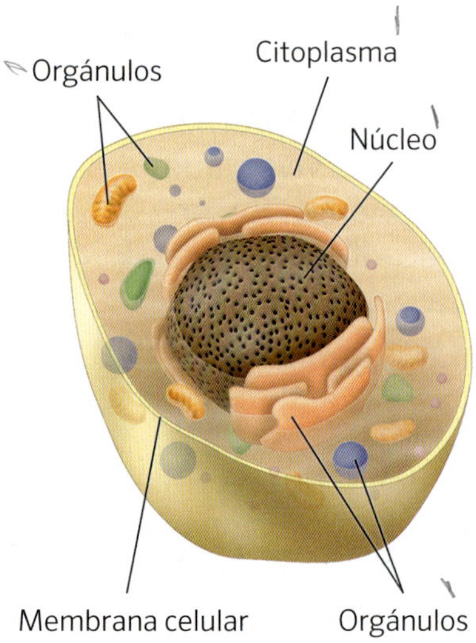

Célula vegetal

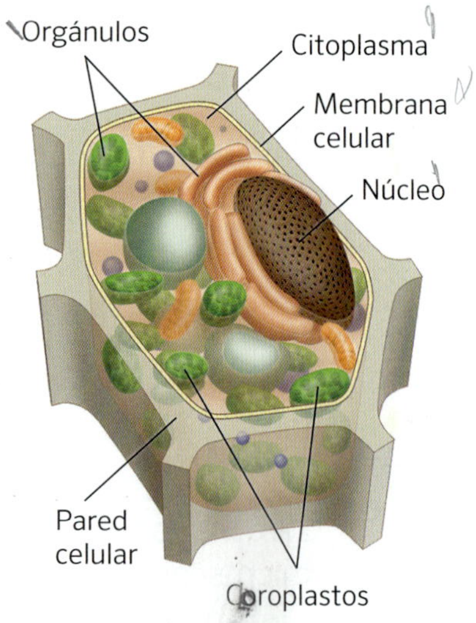

Taller de ciencias

Reconoce las partes de una célula al microscopio

Vamos a analizar cómo se verían a través del ocular de un microscopio dos preparaciones, una del interior de la boca de una persona y otra de la piel de una cebolla.

En estas preparaciones puedes reconocer las partes de las células.

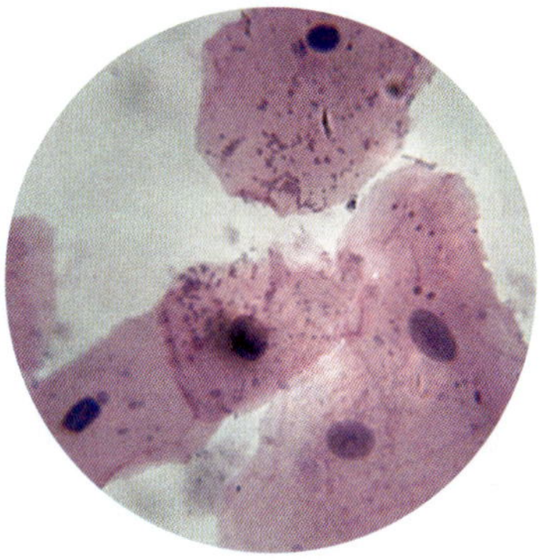

Células animales del interior de la boca.

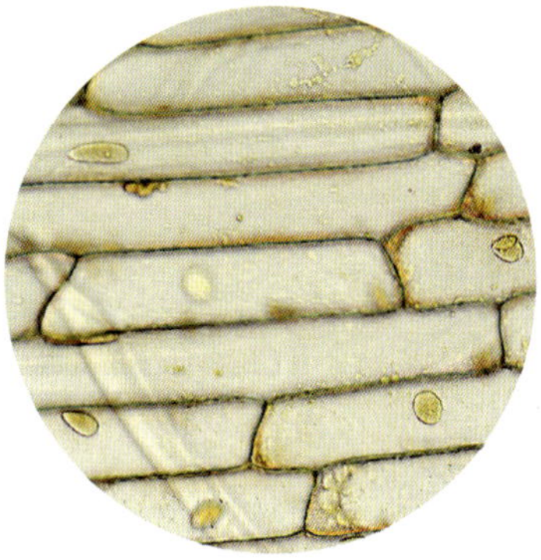

Células vegetales de la piel de una cebolla.

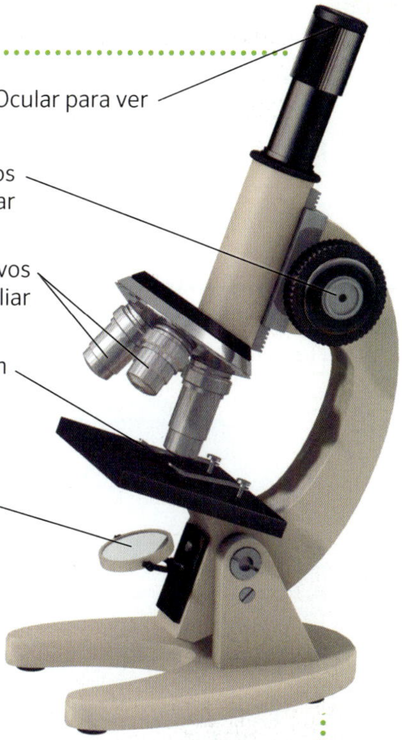

6 Dibuja un esquema de ambos tipos de células en tu cuaderno. ¿Qué partes puedes reconocer? ¿En qué se parecen y en qué se diferencian?

smSaviadigital.com JUEGA Y APRENDE Observa algunas preparaciones al microscopio.

- Todos los seres vivos estamos formados por **células**.
- La célula es la parte más pequeña de los seres vivos. Realiza las tres funciones vitales: **nutrición**, **relación** y **reproducción**.
- Las células se componen de **membrana celular**, **citoplasma**, **orgánulos** y **núcleo**. Las células vegetales tienen, además, **cloroplastos** y **pared celular**.

Actividades

7 ¿Cuáles son los orgánulos que solo encontramos en las células vegetales?

8 ¿Qué funciones vitales realiza una célula? ¿Cuál de sus partes interviene en la reproducción?

9 ¿Por qué es necesario utilizar un microscopio si queremos ver una célula?

10 smSaviadigital.com PRACTICA ¿Conoces las partes de una célula?

11 ¿Cuál de estas dos células es una célula vegetal? Explica por qué.

Copia la célula animal en tu cuaderno y señala las partes que reconozcas.

a 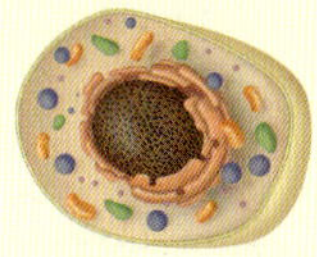

b 

12 Diseña un mapa conceptual para organizar lo que has aprendido sobre las células. Puedes añadir fotografías y dibujos.

3 La organización de los seres vivos

A nuestro alrededor viven una gran variedad de seres vivos. Algunos, como el paramecio de la fotografía, son muy sencillos y están formados por una sola célula. Otros, como el niño o el árbol, son más complejos y están formados por muchas células.

Daniel es un ser vivo pluricelular.

Los seres unicelulares

Los seres vivos que están formados por una sola célula se llaman **seres unicelulares**. Su única célula realiza todas las funciones necesarias para vivir.

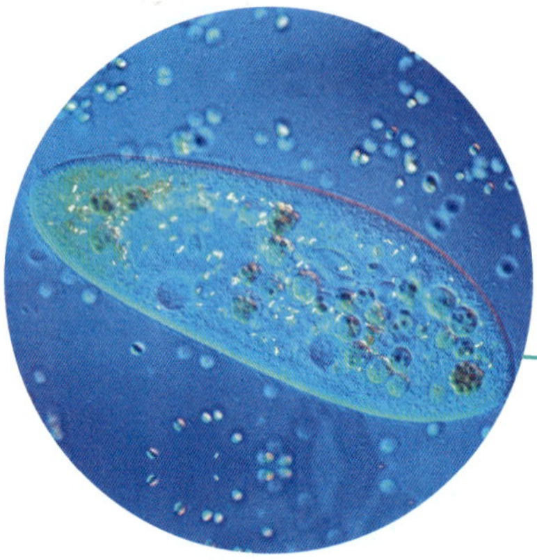

El paramecio es un ser unicelular que vive en las charcas y en los estanques.

Los seres pluricelulares

Los seres vivos formados por dos o más células, como Daniel, se llaman **seres pluricelulares**. En estos seres vivos todas las células se coordinan para que el organismo pueda realizar las funciones vitales.

Si observamos células de distintas partes del cuerpo de Daniel al microscopio veremos que no todas tienen el mismo aspecto; son diferentes porque se especializan y realizan distintas funciones. Las células de un mismo tipo se agrupan formando **tejidos**.

Vamos a ver algunos tipos de células.

Células musculares

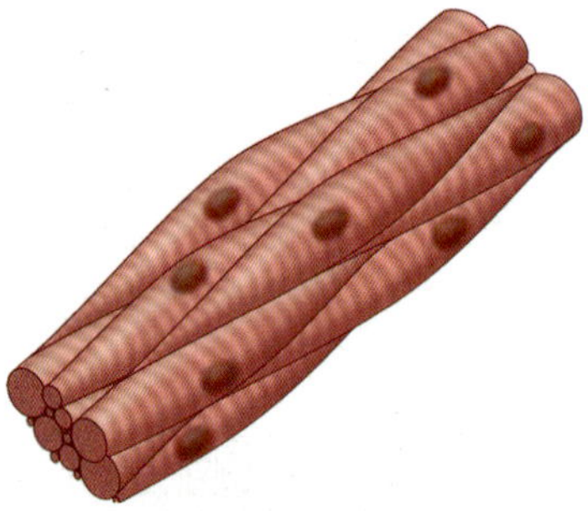

Las células musculares tienen forma **alargada**.

Estas células, y los tejidos que forman, se contraen y se estiran. Esto permite que los músculos **se muevan**.

Células epiteliales

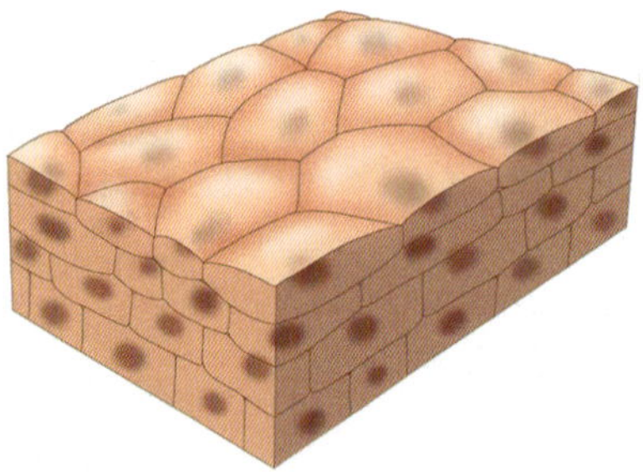

Las células epiteliales suelen ser **aplanadas**.

Estas células planas recubren determinadas zonas del cuerpo, como la piel. **Aíslan** el cuerpo y lo **protegen**.

Células nerviosas

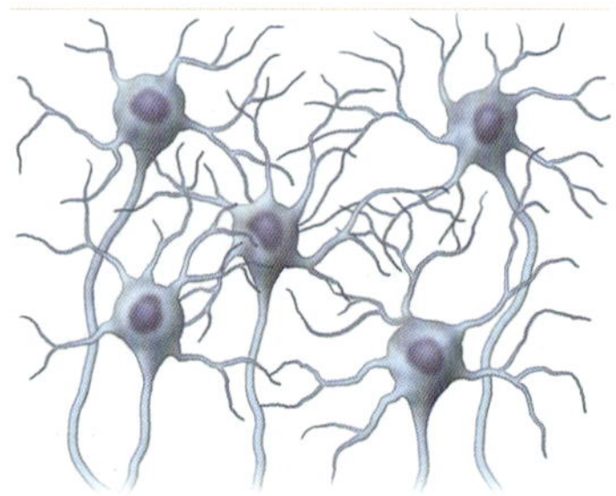

Las células nerviosas son **estrelladas** y con prolongaciones.

Estas células se encargan de establecer conexiones y de **transmitir información** a todas las partes del cuerpo.

Niveles de organización de los seres pluricelulares

En los organismos pluricelulares, las células se agrupan y forman distintos **niveles de organización**. El resultado final es un **organismo**.

El primer nivel de organización son las **células**. El conjunto de células de un tipo que realizan la misma función forman un **tejido**. Por ejemplo, el tejido muscular, que nos permite realizar movimientos.

El conjunto de tejidos distintos que realizan una función constituyen un **órgano**, como el estómago.

Varios órganos que realizan conjuntamente una función forman un **sistema** o **aparato**, como el aparato digestivo. Y el conjunto de todos estos niveles forma un **organismo**, como por ejemplo el ser humano.

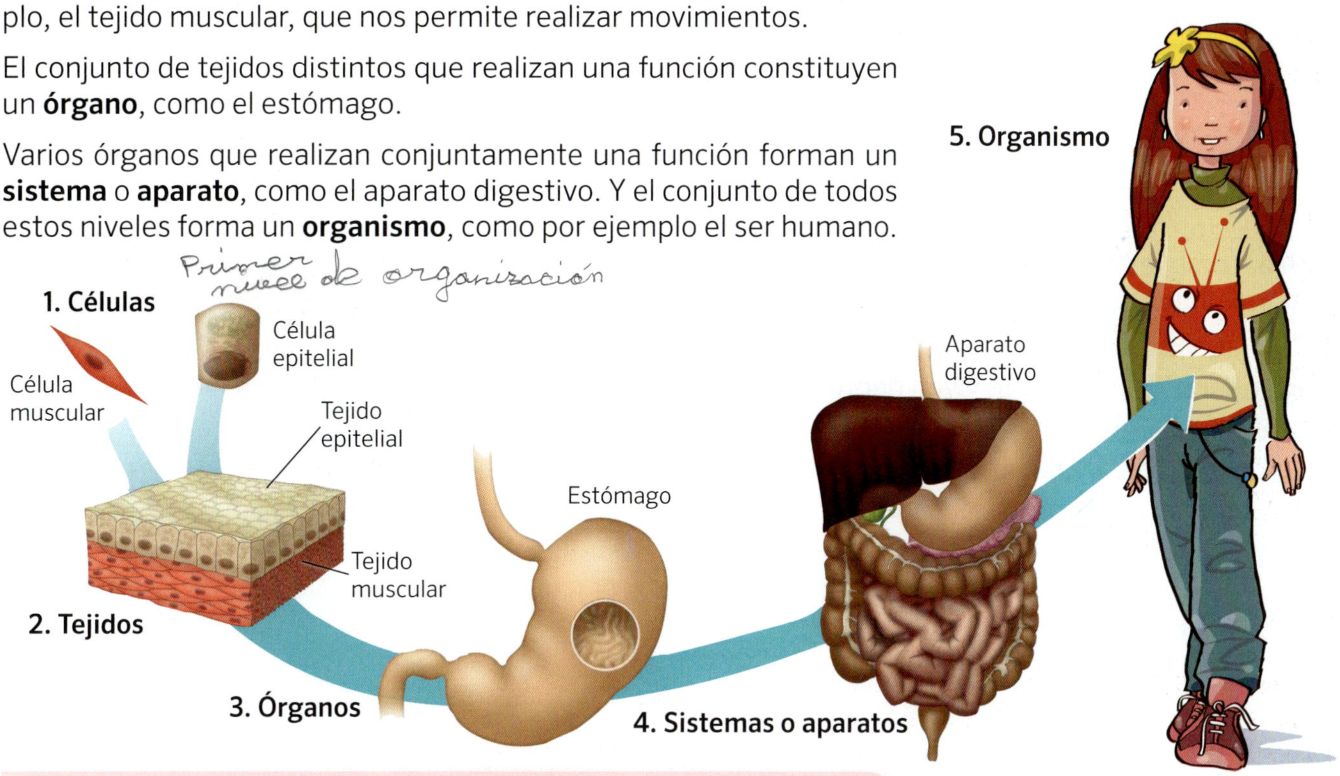

- Los seres vivos pueden ser **unicelulares** o **pluricelulares**.
- Las **células** de los seres vivos pluricelulares se agrupan y forman **tejidos**, que junto a otros con igual función forman **órganos**, que a su vez se unen en **sistemas** o **aparatos**. El conjunto de estos **niveles de organización** da lugar a un **organismo**.

Actividades

13. Dibuja dos ejemplos de tejidos animales y di qué función realizan sus células.

14. Ordena los siguientes niveles de organización, desde el más sencillo al más complejo. Después, defínelos con tus palabras.

Tejido · Célula · Organismo · Órgano · Sistema

15. smSaviadigital.com PRACTICA ¿En qué se diferencian las células, los tejidos, los órganos y los aparatos? Descúbrelo jugando.

16. ¿Qué representan las siguientes imágenes? ¿A qué nivel de organización pertenece cada una de ellas?

17. Diseña un esquema visual sobre los niveles de organización de un ser vivo pluricelular distinto a la niña de esta página.

4 Hongos, protozoos y algas, y bacterias

En las charcas se pueden ver peces, algas y plantas, y si paseas por el campo verás animales, como conejos, hormigas y aves, y plantas, como los pinos y las jaras. Pero, ¿crees qué los animales, las algas y las plantas son los únicos organismos que viven en estos lugares?

Además de los animales, las algas y las plantas, a nuestro alrededor viven multitud de otros seres vivos. Algunos podemos verlos a simple vista, mientras que otros son tan pequeños que necesitamos una lupa o incluso un microscopio para poder observarlos.

Los hongos

Los hongos son seres vivos que en algunos aspectos se parecen a las plantas y en otros se parecen a los animales. **No son capaces de desplazarse**, como les ocurre a las plantas. Además, **no pueden fabricar su propio alimento** y, por lo tanto, no necesitan la luz del sol para alimentarse, como tampoco la necesitan los animales.

La mayor parte de los hongos viven dentro del suelo, donde crecen y se desarrollan. Los hongos pueden llegar a ser muy grandes.

Para reproducirse los hongos producen **esporas**. Estas se dispersan y, cuando existen condiciones adecuadas de humedad y temperatura, dan lugar a nuevos hongos.

Según su estructura podemos distinguir distintos tipos de hongos: **hongos con setas**, **mohos** y **levaduras**.

Hongos con setas

Los hongos con **setas** son seres **pluricelulares**. Sus células se agrupan formando unos largos filamentos que se llaman **hifas**.

La seta es la parte de estos hongos que vemos sobre el suelo. En ella se producen las esporas. Algunos de los hongos que producen setas son comestibles, como los champiñones, y otros son muy venenosos.

Mohos

Algunos hongos **pluricelulares** no producen setas, sino que las **hifas** forman agrupaciones de aspecto algodonoso. Los mohos viven sobre restos de seres vivos y sobre la materia en descomposición, como por ejemplo, la fruta estropeada.

De algunos mohos se pueden obtener **antibióticos**, como la penicilina.

Levaduras

Existe un tipo de hongos microscópicos que se llaman levaduras. Las levaduras son hongos **unicelulares**. **No forman hifas** y, por lo tanto, no tienen el aspecto filamentoso que tienen los mohos. Como son unicelulares, tampoco forman setas.

Las levaduras se usan en la industria alimentaria para la elaboración del pan, del queso o del vino.

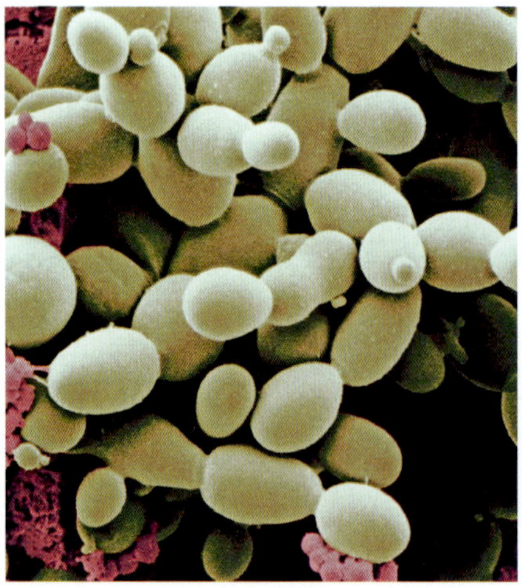

Los protozoos y las algas

Los protozoos, como los paramecios o las amebas, son seres vivos **unicelulares** tan pequeños que no podemos verlos a simple vista, ni siquiera con una lupa. Para observarlos utilizamos el **microscopio**.

Las **algas** pueden ser **unicelulares** y **pluricelulares**. Las células de las algas pluricelulares no forman verdaderos tejidos.

Las bacterias

Las bacterias son seres **unicelulares**. La mayoría tienen pared celular pero carecen de membrana nuclear, por lo que el material del núcleo se encuentra disperso en el citoplasma. Algunas son **beneficiosas**, como las que transforman la leche en yogur, y otras, **causan enfermedades**.

Las amebas pertenecen al grupo de los protozoos.

Taller de ciencias

Cultiva bacterias

Con la ayuda de un adulto, disuelve gelatina en caldo hirviendo. Vierte un poco en dos botes de cristal y deja que se enfríe y endurezca.

Frota una moneda con un bastoncillo de oídos y toca con él la gelatina de un bote. Después roza con un dedo la gelatina del otro.

Cierra los dos botes, déjalos en un lugar cálido y observa lo que ocurre en los botes al cabo de uno o dos días.

18 ¿En qué bote aparecen más grupos de bacterias? Explica por qué.

19 ¿Encontrarás menos bacterias si tocas la gelatina con las manos limpias o con las manos sucias?

Actividades

20 smSaviadigital.com PRACTICA Comprueba con el vídeo de este experimento que los hongos no son plantas.

21 ¿En qué se parecen los protozoos y las bacterias? ¿En qué se diferencian? Explícalo mediante un dibujo.

Relaciona

22 Coge cuatro rebanadas de pan. Pon una en un lugar seco con luz; humedece otra y ponla en un lugar con luz; pon otra en un lugar seco y oscuro, y humedece la última y ponla en un lugar oscuro. ¡Las necesitarás al final de la unidad!

5 La clasificación de los seres vivos

Los científicos han identificado casi dos millones de especies de seres vivos, aunque se cree que hay muchísimas más. ¿Cómo organizarías esta enorme cantidad de especies?

Para clasificarlas se utilizan criterios como el tipo de alimentación y la estructura de las células. Según estos criterios existen **cinco reinos**: **plantas**, **animales**, **hongos**, **algas** y **protozoos**, y **bacterias**. Las células del reino de las bacterias se diferencian del resto porque su núcleo no está separado del citoplasma por una membrana.

Fabrican su **propio alimento**

Se alimentan de **otros seres vivos**

Células **con** núcleo definido

REINO DE LAS **PLANTAS**

Las plantas son seres **pluricelulares** que fabrican su propio alimento a partir del agua que obtienen del suelo, del aire y de la luz solar.

No pueden desplazarse porque sus raíces están sujetas al suelo.

Planta de loto

REINO DE LOS **ANIMALES**

Los animales son seres **pluricelulares** que se alimentan de otros seres vivos.

La mayoría de los animales se desplazan para buscar alimento, cobijo o escapar de sus depredadores.

Cangrejo

REINO DE LAS **ALGAS** Y LOS **PROTOZOOS**

Algas

Las algas pueden ser **unicelulares** o **pluricelulares**. Fabrican su propio alimento y no poseen verdaderos tejidos ni órganos.

Protozoos

Los protozoos son **unicelulares** y se alimentan de otros seres vivos. Son ejemplos de protozoos las amebas y los paramecios.

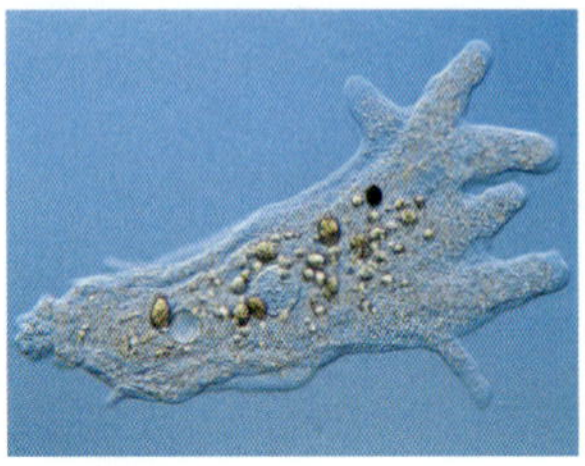

Ameba

Células **sin** núcleo definido

REINO DE LAS **BACTERIAS**

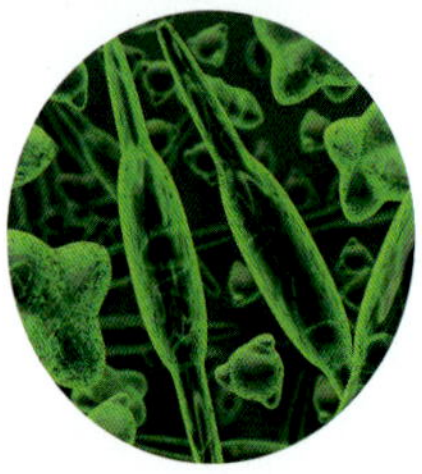

Cianobacterias

Algunas bacterias, como las cianobacterias, pueden fabricar su propio alimento.

Las bacterias son los seres vivos más sencillos que existen. Son **unicelulares** y su tamaño es tan pequeño que solo son visibles a través del microscopio.

La célula que las forma no tiene un núcleo definido, sino que el material del núcleo se encuentra disperso en el citoplasma.

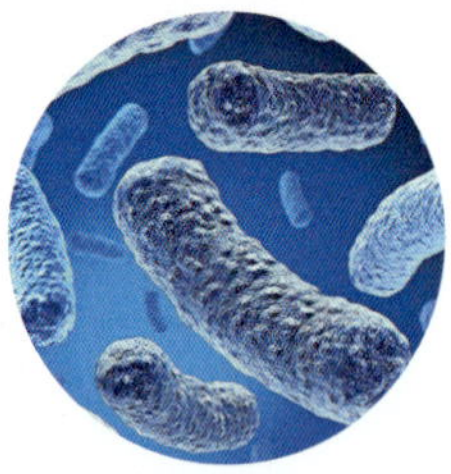

Bacilos

Existen bacterias, como los bacilos, que se alimentan de otros seres vivos.

REINO DE LOS **HONGOS**

Existen hongos **pluricelulares**, como las setas y los mohos, y **unicelulares**, como las levaduras.

Los hongos no poseen ni tejidos ni órganos. No fabrican su alimento, sino que se alimentan de restos de otros seres vivos. Además, los hongos, al igual que les ocurre a las plantas, no pueden desplazarse.

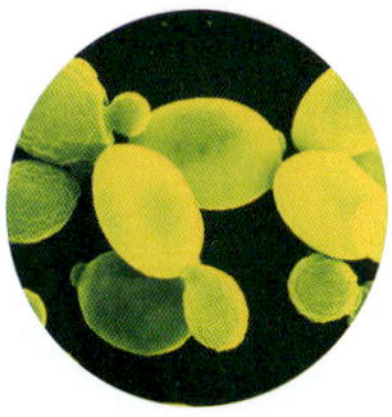

Levadura de la cerveza

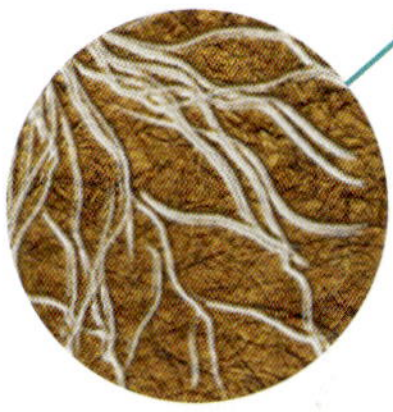

El hongo que forma la seta está bajo tierra.

¿Por qué...?

Los virus no son seres vivos

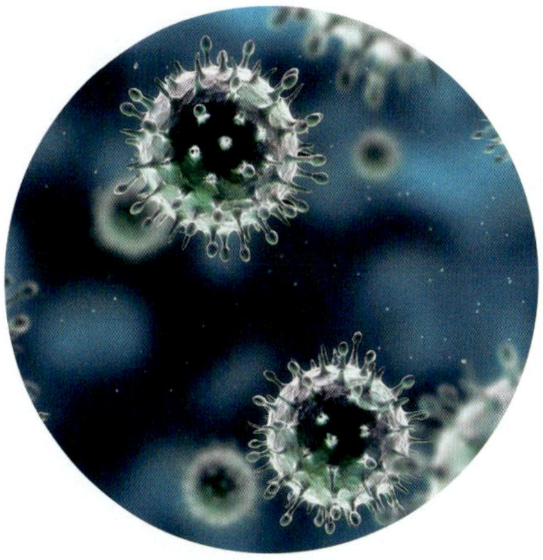

Virus de la gripe

Cuando tienes la gripe o la rubeola es porque te ha infectado un virus.

Los virus son estructuras que existen en la naturaleza y son tan diminutas que para verlas hace falta un microscopio muy potente: el microscopio electrónico.

La mayoría de los científicos consideran que los virus no son seres vivos porque no realizan las funciones de nutrición y relación, y porque necesitan otras células para reproducirse.

Actividades

Trabaja con el esquema

23 Explica en qué consisten las funciones vitales de los seres vivos. Utiliza ejemplos.

24 ¿En qué se parecen y en qué se diferencian estos seres vivos? Fíjate en el reino al que pertenecen.
- Un alga y un girasol
- Un champiñón y un pino
- Una estrella de mar y un moho
- Un cocotero y un mono
- Una bacteria y un paramecio
- Un protozoo y un alga

25 Escribe un artículo de revista sobre los cinco reinos. Utiliza tus propias palabras.

Organiza tus ideas

LOS SERES VIVOS

realizan → **FUNCIONES VITALES**

- Nutrición

- Relación

- Reproducción

están formados por → **CÉLULAS**

- una sola célula → Unicelulares
- dos o más células → Pluricelulares

las células se agrupan y forman

Tejidos → Órganos

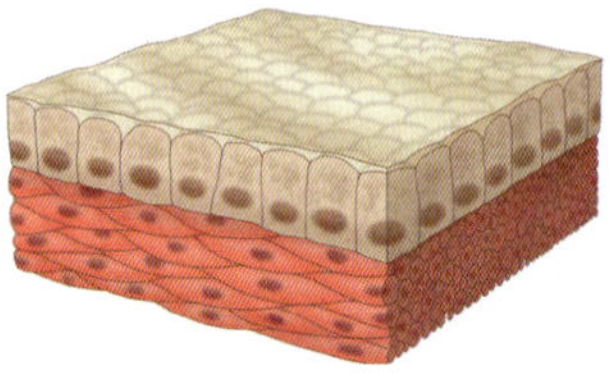

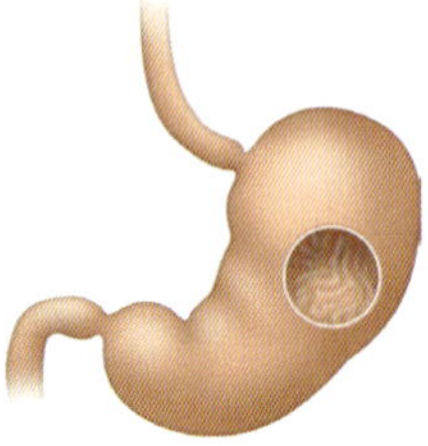

se clasifican en → **CINCO REINOS**

que son

- Reino de las plantas

- Reino de los animales

- Reino de los hongos

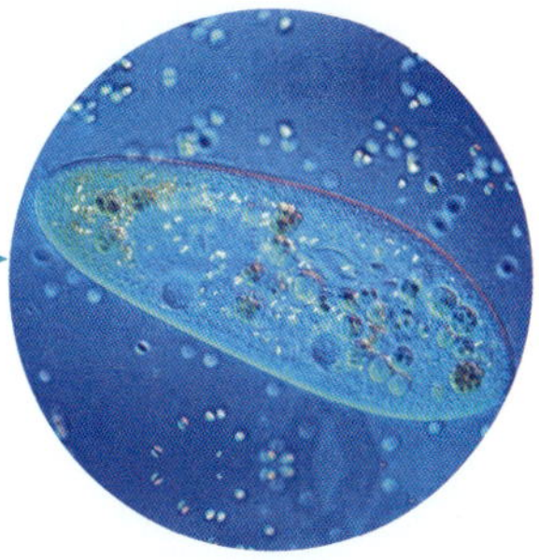

Sistemas o aparatos → Organismo

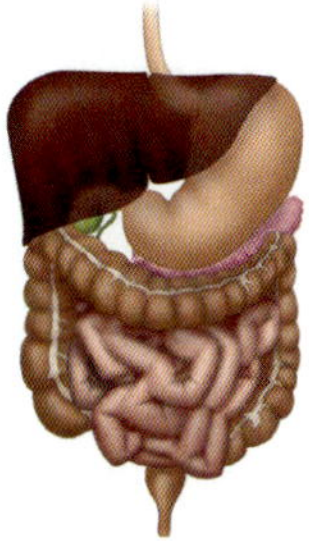

Reino de las algas y los protozoos

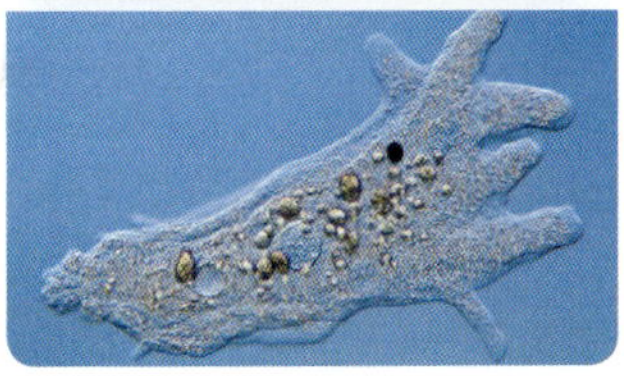

Reino de las bacterias

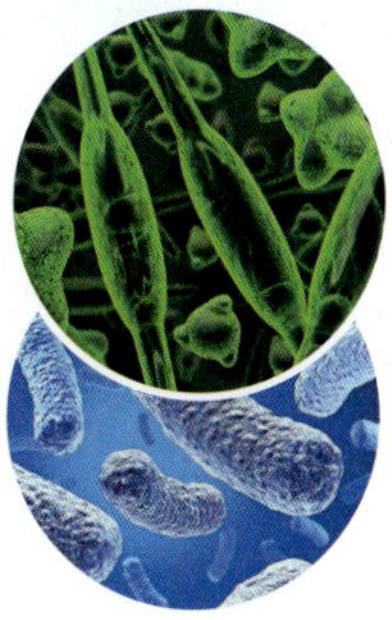

Diccionario científico

Cloroplastos: Orgánulos verdes presentes en las células vegetales.

Nutrientes: Sustancias que los organismos obtienen a partir de los alimentos y que las células utilizan para poder realizar las funciones vitales.

Organismo: Conjunto de todas las células, tejidos, órganos, sistemas y aparatos.

26 Indica cuál de los términos anteriores no está relacionado con los niveles de organización de los seres vivos.

Trabaja con el esquema

27 Completa este esquema en tu cuaderno añadiendo ejemplos de las tres funciones vitales en animales y en plantas.

28 Relaciona en tu cuaderno cada uno de estos términos con el nivel de organización que le corresponde.

Neurona •	• Célula
Corazón •	
Músculo •	• Tejido
Ameba •	• Órgano
Tejido epitelial •	
Esqueleto •	• Sistema o aparato
Bacteria •	• Organismo

29 ¿Crees que se podrían clasificar los seres vivos de otra manera? Clasifica los seres vivos de los cinco reinos en unicelulares o pluricelulares.

30 Completa el esquema en tu cuaderno con ejemplos de seres vivos que pertenezcan a cada uno de los cinco reinos.

Adivina adivinanza

Soy un ser vivo "pluri", con células de distinto tipo. Muchas de ellas tienen orgánulos verdes y me gusta mucho tomar el sol.

¿A qué reinos puedo pertenecer?

Repasa la unidad

31 Relaciona en tu cuaderno estas dos columnas sobre las funciones vitales.

Originar otras células idénticas •	• Función de relación
Relacionarse con el entorno •	• Función de nutrición
Tomar sustancias del medio •	• Función de reproducción

32 Escribe en tu cuaderno cómo se llama cada parte de la célula.

a) Dirige todas las actividades de la célula.

b) Líquido viscoso que contiene los orgánulos celulares.

c) Envoltura externa de la célula.

d) Componentes de la célula que realizan distintas funciones.

33 ¿En qué se diferencian las células animales de las células vegetales?

34 ¿Qué es la pared celular? Indica en qué células se encuentra.

35 ¿Qué características tienen en común? estos seres vivos?

a) Paramecios

b) Algas unicelulares

c) Algas pluricelulares

d) Amebas

36 Copia estos grupos de palabras en tu cuaderno y tacha la que sobra en cada caso. Después, pon un título a cada recuadro.

- órgano
- tejido
- unicelular
- organismo
- sistema

- célula animal
- membrana
- citoplasma
- pared celular
- núcleo

- reproducción
- célula
- nutrición
- relación

37 Indica qué representa cada uno de estos dibujos: célula, tejido, órgano u organismo.

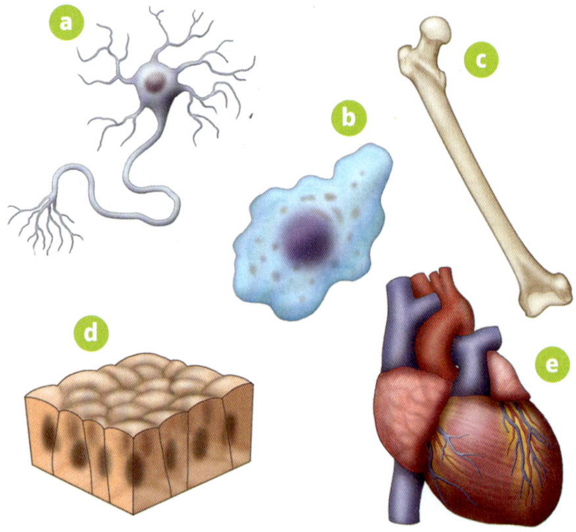

38 Completa esta tabla en tu cuaderno con los reinos: animales, plantas, hongos.

	Se alimentan de otros seres vivos	Fabrican su propio alimento
Pueden desplazarse	•••	
No pueden desplazarse	•••	•••

39 Un compañero dice: "Los hongos son plantas porque crecen en la tierra". ¿Es correcta esta afirmación? Explica por qué.

40 ¿A qué reino pertenecen estos seres vivos?

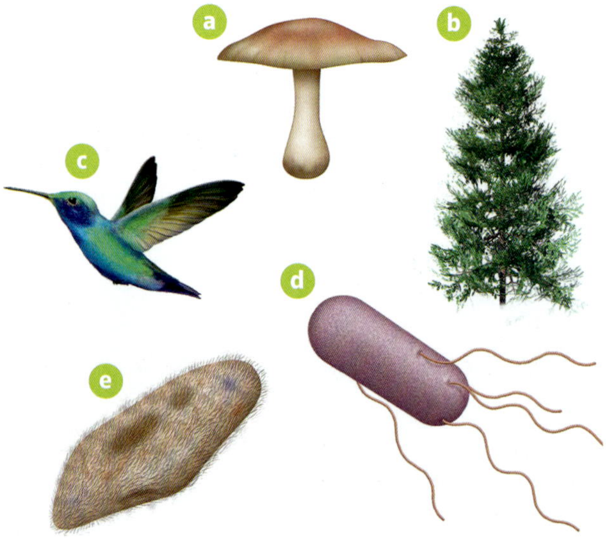

Relaciona con lo que sabes

41 En ocasiones, cuando los seres vivos mueren, sus restos quedan conservados en las rocas. Estos restos se llaman fósiles.

A veces podemos encontrar restos de caparazones o de huesos, y otras vemos huellas o la silueta de un ser vivo.

El estudio de los fósiles nos ofrece mucha información acerca de cómo eran y cómo vivían esos seres vivos hace miles de años.

Los científicos que estudian y extraen información de los fósiles son los paleontólogos. ¿Quieres investigar como uno de ellos?

a) Observa y describe el fósil **a** y el fósil **b**.

b) ¿A qué reino pertenece cada fósil?

c) ¿Cuál es un órgano y cuál un organismo?

42 La siguiente fotografía se ha realizado con ayuda de un microscopio. Muestra una ameba atrapando un alga unicelular.

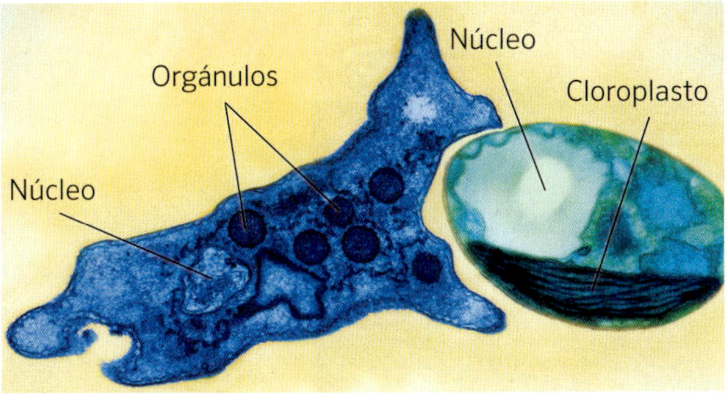

a) ¿Cuál es el alga? ¿Y la ameba?

b) ¿En qué se diferencian?

c) ¿A qué reino pertenecen estos organismos?

d) ¿Qué funciones vitales crees que está realizando la ameba?

43 Observa la siguiente lista de organismos.

pino	elefante
ballena	musgo
sardina	alga

Mario, un alumno de 6.º EP, ha decidido clasificarlos en grandes y pequeños. Clasifícalos tú también así, en una tabla en tu cuaderno, tal y como lo habría hecho Mario.

Grandes	Pequeños
•••	•••

En cambio, su compañera Sara ha decidido clasificarlos en terrestres y marinos. Copia esta tabla y clasifícalos como Sara.

Terrestres	Marinos
•••	•••

Inés dice que ninguno de los criterios utilizados por sus compañeros es científico.

¿Se te ocurre algún criterio más adecuado para clasificar esos organismos? Haz una nueva tabla.

44 Las setas se parecen a las plantas; de hecho, están en la sección de verduras de los supermercados. Piensa en razones para explicarle al vendedor que no están bien clasificadas.

45 Copia en tu cuaderno la siguiente tabla y completa las casillas. Fíjate en el ejemplo.

	Unicelulares	Pluricelulares	Fabrican su alimento	Se alimentan de otros
Bacterias	Sí	No	Algunas	Algunas
Algas y protozoos	•••	•••	•••	•••
Hongos	•••	•••	•••	•••
Animales	•••	•••	•••	•••
Plantas	•••	•••	•••	•••

smSaviadigital.com
VALORA LO APRENDIDO Comprueba lo que sabes en la **autoevaluación**.

Ponte a prueba

Ahora ya eres todo un experto en seres vivos. ¡Demuestra lo que sabes... y tus competencias!

Maneja claves ▸ ¿Conoces este árbol?

1. Recorre tu casa, el aula y el patio de tu colegio y anota el nombre de todos los seres vivos que encuentres.

   Ahora ayúdate de una lupa. Trata de localizar otros seres vivos que antes te hayan pasado desapercibidos. Por ejemplo, puedes buscar entre las plantas algún insecto que viva en ellas. Crea una lista como la de la derecha con todos los seres vivos que hayas descubierto.

2. Completa la lista con los seres vivos de estas fotografía. También pueden vivir en tu casa, aunque seguramente no los has visto porque necesitarías un microscopio para observarlos así.

Lista de seres vivos de mi entorno

- Mis padres
- Mi perra Nuca
- El rosal de la terraza
- Una araña
- El abeto del patio del colegio
- Los bichos bola del patio
- •••
- •••
- •••
- •••

Los ácaros viven en los lugares de tu casa en donde se acumula el polvo.

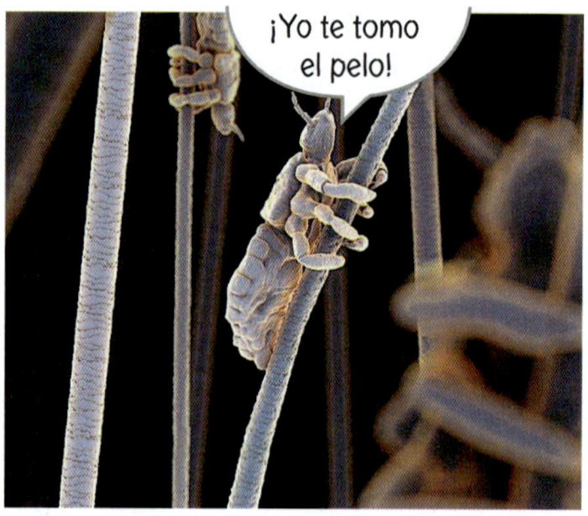

Quizá has tenido piojos alguna vez. Así se ven al microscopio.

Este es el aspecto filamentoso que tiene el moho que crece en algunos alimentos como el pan.

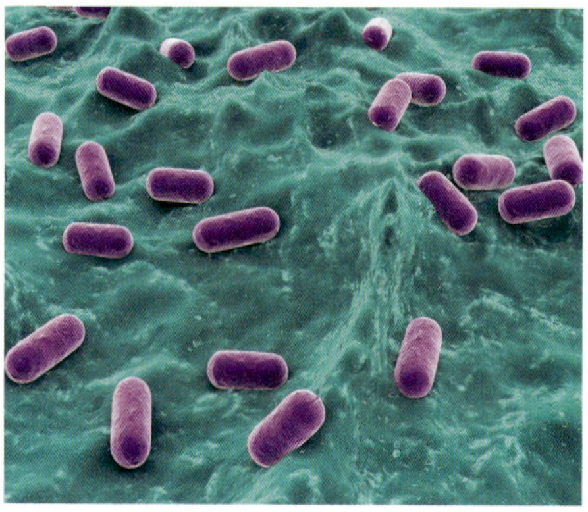
Esta bacteria llamada *Lactobacillus* se encuentra en los yogures y en tu aparato digestivo.

3. Con la lista que has elaborado, clasifica los seres vivos en los cinco reinos conocidos.

Observa y deduce ▸ ¿Qué le gusta a un moho?

"¡Otra vez la merienda estropeada! ¡Los mohos son un fastidio!" Daniel, decidido a que no le vuelva a ocurrir, se pone a investigar. Con pan, agua, platos, luz... y tiempo, experimenta y obtiene estos resultados.

Pan seco con luz | **Pan húmedo con luz** | **Pan seco sin luz** | **Pan húmedo sin luz**

1. Observa los resultados del experimento y contesta las preguntas.
   a) ¿Qué necesita el moho para nutrirse? **A.** Luz **B.** Humedad **C.** Alimento
   b) ¿De dónde ha salido el moho que ahora ha aparecido en los trozos de pan? ¿Por qué antes no podías verlo y ahora sí?
   c) En cuanto a la forma de nutrirse, ¿a quién se parece más el moho, a un animal o a una planta? Explica por qué.

2. Recupera las rebanadas de pan que preparaste hace unos días y compara tus resultados con los de Daniel. ¿Son iguales o diferentes? ¿Por qué?

Tarea final **Tu porfolio personal**

PASO 1 Recopila los trabajos que has ido realizando a lo largo de la unidad:
- Un cómic sobre las funciones vitales.
- Un mapa conceptual que trata de las células.
- Un esquema visual sobre la organización de los seres vivos.
- Un artículo de revista sobre los cinco reinos.

PASO 2 Agrúpalos y añade una portada creativa y una página en blanco al final. Intercambia tu trabajo con otro compañero. Después, en la página blanca de tu porfolio escribe cómo crees que podrías mejorar tu trabajo.

smSaviadigital.com
VALORA LO APRENDIDO **¿Cómo has trabajado** en esta tarea?

unidad

2

La nutrición

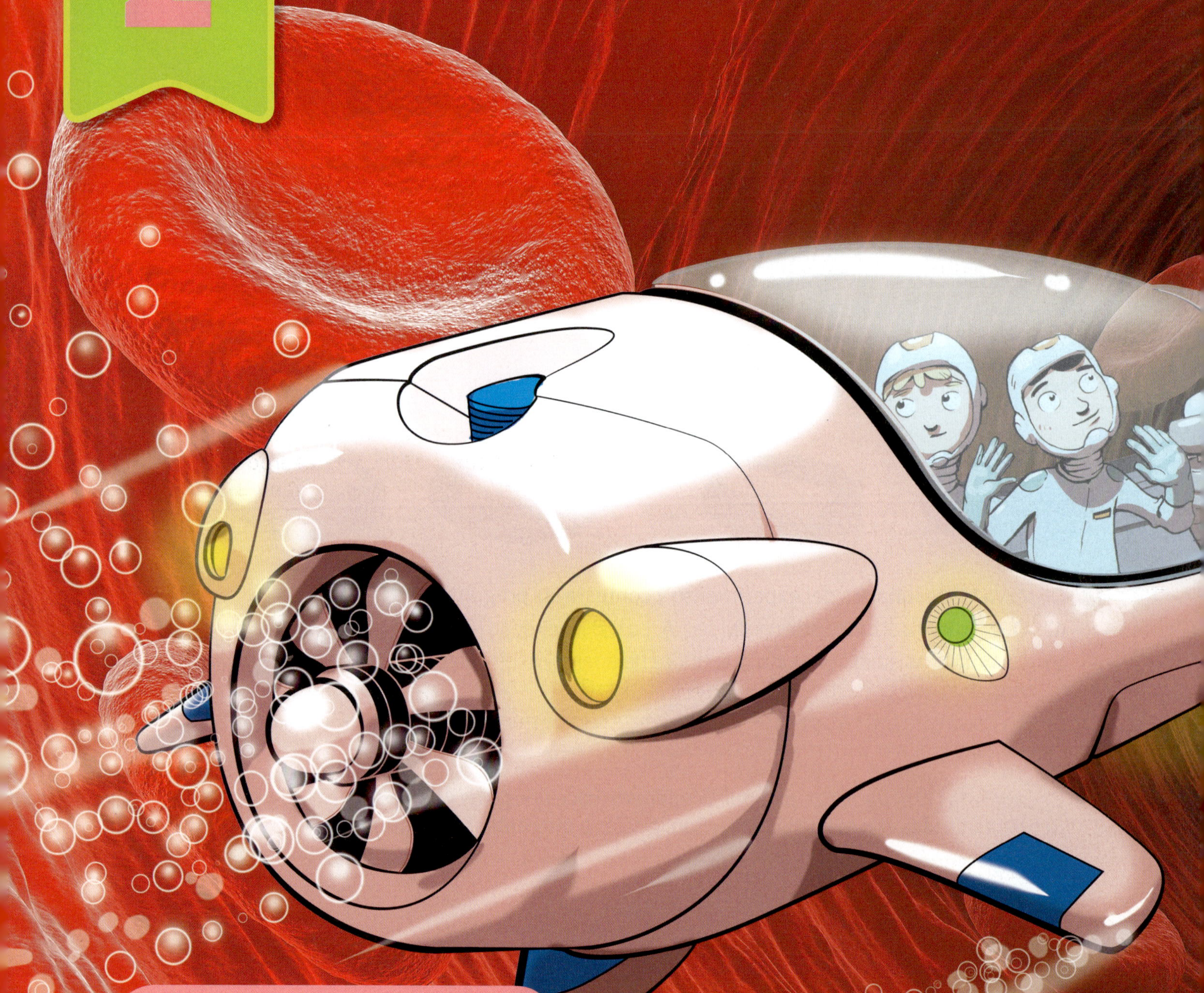

¡Qué importante es... donar sangre!

El organismo necesita sangre para realizar sus funciones. Por eso, cuando una persona pierde demasiada por un accidente, operación o enfermedad, necesita reponerla. En esos casos, se recurre a donantes de sangre, que ofrecen generosamente una parte de sí a quien lo necesita.

Tarea final

Al final de la unidad, podrás elaborar un cartel informativo que anime a la gente a donar sangre.

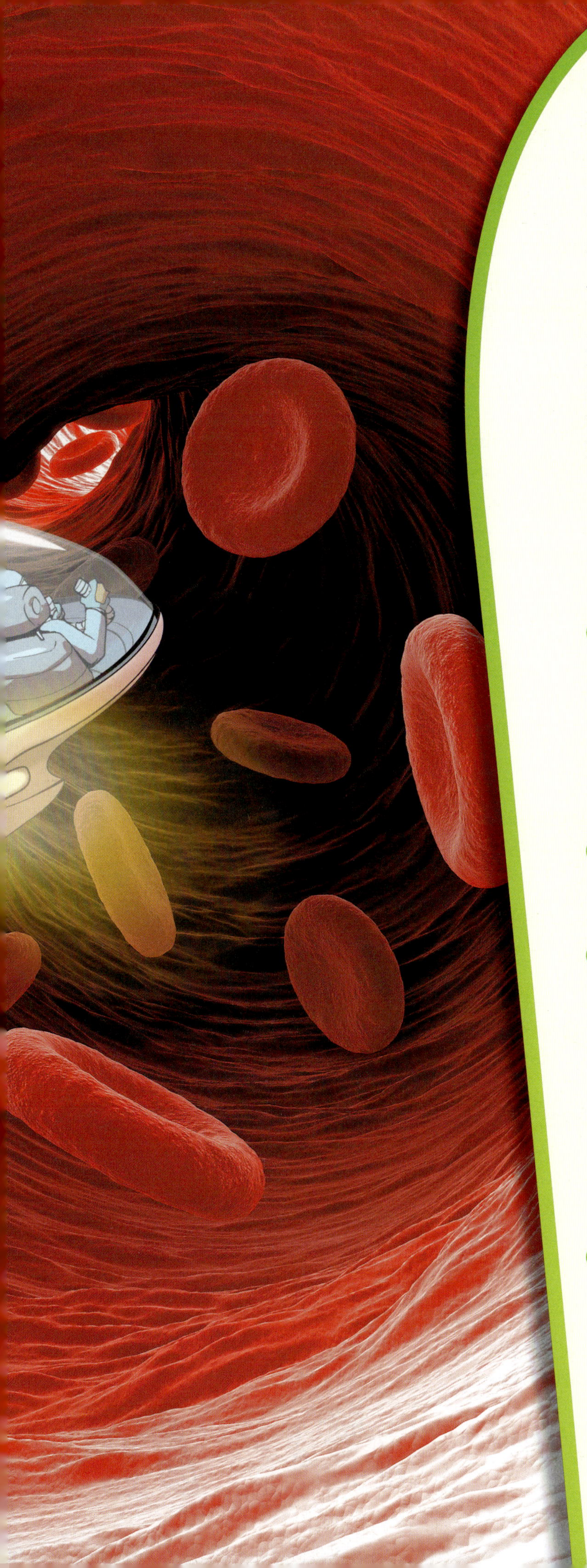

Próxima parada, el corazón

Los latidos retumbaban ahora lentos y terribles, a cada uno de ellos la nave parecía levantarse y retemblar.

–¡Válvula tricúspide a la vista! –gritó Owens.

Los otros miraron hacia delante y la vieron en la lejanía al final de un larguísimo pasillo. Una gran abertura se ensanchaba. Más allá estaba el ventrículo derecho, una de las dos cámaras principales del corazón.

Isaac Asimov: *Viaje alucinante.*
Editorial Salamandra

Hablamos

1. Asimov relata en su libro el viaje de cinco personas por el interior del cuerpo humano. Fíjate en el texto y en la imagen. ¿En qué lugar del cuerpo se encuentran?
   A. Dentro del corazón.
   B. Van a entrar en el corazón.
   C. Acaban de salir del corazón.

2. Busca en el diccionario el significado de las siguientes palabras.
   a) Válvula b) Tricúspide c) Ventrículo

3. Imagina que viajas en la nave y sigues el camino que recorre una manzana en nuestro cuerpo, desde que la comemos hasta que la digerimos y expulsamos los restos no digeridos en forma de heces. De los siguientes órganos, ¿por cuáles pasarías?
   A. El corazón
   B. El esófago
   C. El riñón
   D. El intestino

4. **¿Y tú qué opinas?** Tanto el corazón como la sangre son imprescindibles para que nuestro organismo realice sus funciones. ¿Cómo crees que afectaría a nuestro cuerpo que en el aparato circulatorio hubiera menos sangre de la necesaria?

1 ¿Qué necesitamos para funcionar?

¡Estás en edad de crecer, de jugar y de moverte!, y para ello necesitas algo que te ayude a "funcionar". ¿Cómo lo consigue tu cuerpo?

Para jugar, estudiar y hacer todas las actividades diarias, incluso para dormir, nuestro cuerpo necesita **nutrientes** y **energía**.

Los nutrientes y la energía que el organismo precisa se obtienen gracias a una función vital, la **función de la nutrición**.

La nutrición en las células

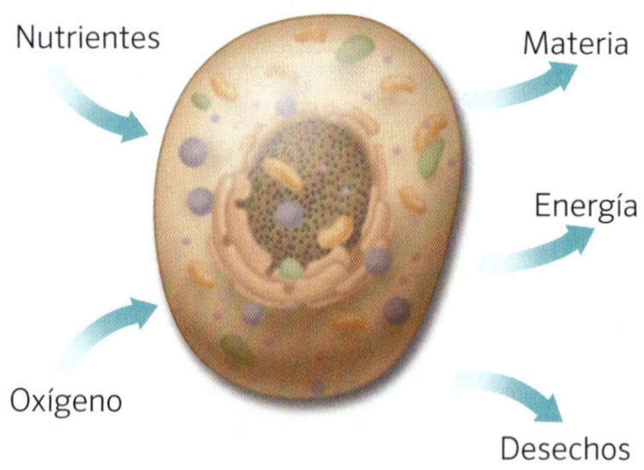

La función de la nutrición

En la función de nutrición tienen lugar distintos procesos:

- Nuestro organismo toma el **oxígeno** del aire y transforma los alimentos que consumimos en sustancias más sencillas, llamadas **nutrientes**.
- En las **células**, el oxígeno y los nutrientes se transforman en **energía** para que nuestro organismo pueda realizar todas las funciones vitales.

  El oxígeno y los nutrientes también se transforman en **materia**, necesaria para que nuestro organismo pueda crecer y renovarse. Durante todo este proceso, se producen **sustancias de desecho** que el cuerpo expulsa al exterior.

Aparatos que intervienen en la nutrición

En la función de nutrición intervienen cuatro aparatos que trabajan de forma coordinada. Son el **aparato digestivo**, el **aparato respiratorio**, el **aparato circulatorio** y el **aparato excretor**.

Cada uno de estos aparatos realiza una tarea:

- El **aparato digestivo** transforma en nutrientes los alimentos que tomamos al comer y expulsa los residuos al exterior en forma de **heces**.
- El **aparato respiratorio** toma el oxígeno del aire a través de los pulmones y expulsa al exterior el **dióxido de carbono**, que es un desecho que se produce en todas las células.
- El **aparato circulatorio** lleva los nutrientes y el oxígeno a las células. También se encarga de transportar los desechos que estas generan para eliminarlos.
- El **aparato excretor** está formado por el sistema urinario y las glándulas sudoríparas. Se encarga de eliminar los desechos producidos por las células. Los mezcla con agua para producir la orina y sudor.

▶ Necesitamos **nutrientes** y **energía** para crecer y realizar todas nuestras actividades diarias. Los obtenemos mediante la función de **nutrición**.

▶ Los aparatos **digestivo**, **respiratorio**, **circulatorio** y **excretor** intervienen en la **nutrición**.

¿Sabías que...?

Crecemos porque aumenta el número de células de nuestro cuerpo

No crecemos porque nuestras células se hagan más grandes. Crecemos porque el número de células aumenta.

En un adulto se crean 25 millones de células por segundo. Esta cifra es mayor en la pubertad porque en esa etapa nos encontramos en pleno crecimiento.

Cuatro aparatos que trabajan juntos

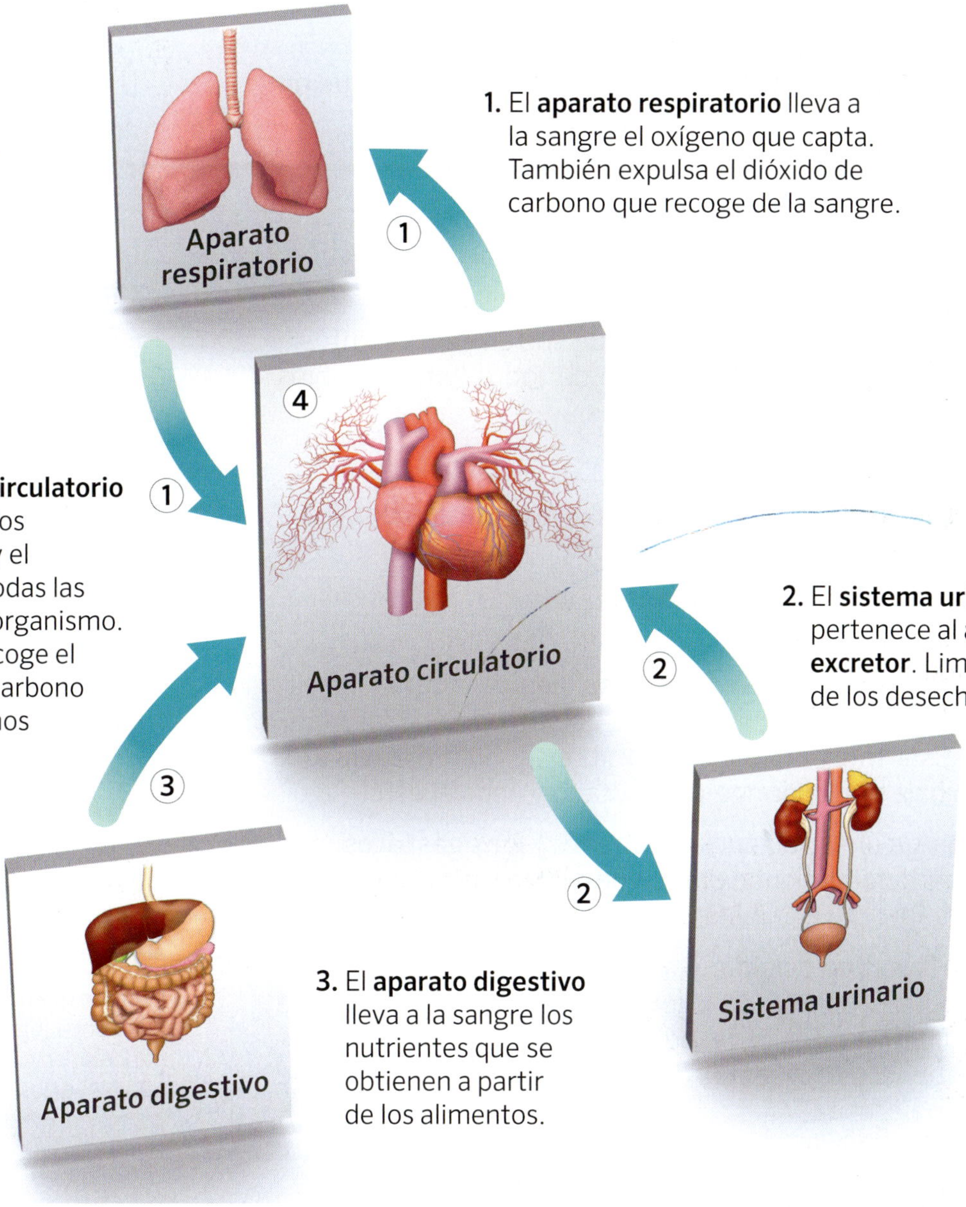

1. El **aparato respiratorio** lleva a la sangre el oxígeno que capta. También expulsa el dióxido de carbono que recoge de la sangre.

2. El **sistema urinario** pertenece al **aparato excretor**. Limpia la sangre de los desechos celulares.

3. El **aparato digestivo** lleva a la sangre los nutrientes que se obtienen a partir de los alimentos.

4. El **aparato circulatorio** transporta los nutrientes y el oxígeno a todas las células del organismo. También recoge el dióxido de carbono y los desechos celulares.

Actividades

1. Explica qué es una célula y cuáles son sus funciones. Dibuja el esquema de una célula e indica cómo se nutre.
2. Explica cómo se relacionan los cuatro aparatos que intervienen en la nutrición.
3. ¿Qué pasaría si en la nutrición fallara alguno de estos aparatos?
   a) Aparato excretor
   b) Aparato respiratorio

Relaciona

4. Los seres humanos crecemos hasta una edad de entre 18 y 22 años. Lo hacemos porque nuestro número de células aumenta. ¿Cuál de las siguientes imágenes representa nuestro crecimiento?

a

b

2 El proceso digestivo

En su viaje por el **aparato digestivo**, los alimentos se transforman y se descomponen en sustancias más sencillas. De esta forma, nuestro cuerpo puede obtener de los **alimentos** la parte que necesita, es decir, los **nutrientes**.

Además, en este proceso el organismo se deshace de la parte que no necesita y la expulsa.

¿Qué es el proceso digestivo?

En el proceso digestivo distinguimos las siguientes fases: **digestión**, **absorción** y **salida de los desechos**.

- La **digestión** es el conjunto de cambios que sufren los alimentos a lo largo del aparato digestivo. El objetivo de todos estos cambios es transformar los alimentos en nutrientes.
- La **absorción** es el paso de los nutrientes a la sangre.
- La **salida de los desechos** es la preparación y la expulsión de la parte de los alimentos que nuestro cuerpo no necesita.

La digestión

La **digestión** comienza en la boca. En ella los dientes trituran los alimentos y la lengua los mezcla con la saliva que procede de las **glándulas salivales**. Esta mezcla recibe el nombre de **bolo alimenticio**. Después, el bolo baja por la faringe y el esófago y llega al estómago.

El estómago segrega unas sustancias llamadas **jugos gástricos**, que se mezclan con el bolo alimenticio y forman una especie de pasta, llamada **quimo**.

El quimo llega al intestino delgado y se mezcla con otros jugos que proceden del páncreas, del hígado y del propio intestino delgado. De esta forma, el quimo se transforma en **quilo**. El quilo es una especie de pasta que contiene los nutrientes de los alimentos y los restos que nuestro cuerpo no necesita.

La absorción

En la fase de **absorción**, los nutrientes del quilo pasan a la sangre a través de los capilares sanguíneos que se encuentran en las **vellosidades** de las paredes del intestino delgado.

La salida de los desechos

Nuestro cuerpo no necesita los restos de los alimentos que no se absorben en el intestino delgado. Estos siguen su recorrido por el intestino delgado y pasan al intestino grueso.

En el intestino grueso estos desechos se transforman en **heces** y son expulsados al exterior a través del ano.

El proceso digestivo se divide en tres fases: **digestión**, **absorción** y **salida de los desechos**.

¿Sabías que...?

En la digestión hay un proceso mecánico y otro químico

Proceso mecánico: los alimentos son troceados y triturados. Por ejemplo, en nuestra boca, al masticar.

Proceso químico: nuestro cuerpo fabrica jugos, como el jugo pancreático. Estos jugos se añaden a los alimentos y los convierten en otras sustancias.

El viaje de los alimentos

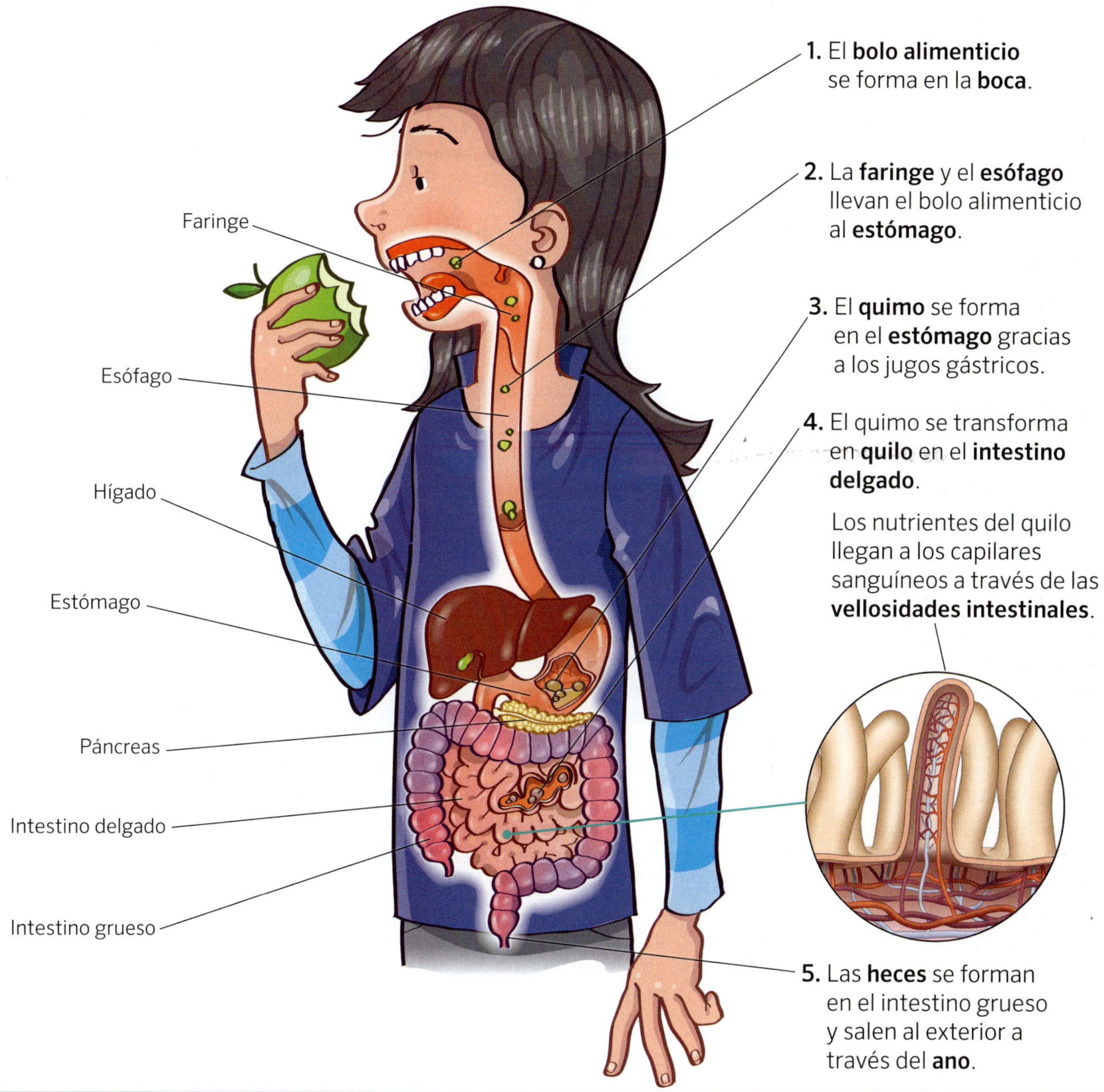

Actividades

5 Indica en qué órganos del aparato digestivo se producen la bilis, los jugos gástricos y los jugos pancreáticos.

6 El alimento sufre las siguientes transformaciones durante la digestión. Ordénalas.

quimo - quilo - heces
bolo alimenticio - alimento

7 sm**Savia**digital.com PRACTICA ¿Cuál es la función de cada órgano?

Relaciona

8 Esther y Eduardo están estudiando en el colegio la unidad sobre la nutrición.

Esther le ha preguntado a Eduardo lo siguiente:

¿Por qué si me pongo un filete en la mano las células de mi piel no pueden nutrirse con él? ¿Qué debe ocurrir para que puedan aprovecharlo?

3 La respiración

Fíjate en las gráficas. Cuando corremos, respiramos más rápido que cuando estamos sentados. ¿Por qué ocurre esto?

Cuando hacemos ejercicio, gastamos más energía que cuando estamos en reposo. Para conseguir esta energía, las células utilizan el oxígeno que obtenemos mediante la **respiración**.

La **respiración** consiste en **tomar el oxígeno** que necesitan las células y **expulsar el dióxido de carbono** que se produce en ellas.

La respiración se produce gracias a dos procesos: la **ventilación pulmonar** y el **intercambio de gases**.

Ventilación pulmonar

La **ventilación pulmonar** es la entrada y salida de aire en los pulmones. Este proceso se realiza mediante dos movimientos: la **inspiración** y la **espiración**.

- En la **inspiración**, el **diafragma se contrae**, la cavidad torácica se expande y, como consecuencia, los pulmones se ensanchan y se hacen más grandes. El aire que toomamos del exterior penetra por las **fosas nasales** y se calienta y se limpia de impurezas mediante la **mucosidad** y el **vello** que recubre estas cavidades.

  Después, el aire pasa por la **laringe**, la **tráquea**, los **bronquios** y **bronquiolos** y llega finalmente a los **pulmones**, que se llenan así de aire.

- En la **espiración**, el **diafragma se relaja** y la cavidad torácica se reduce. De este modo, los pulmones se hacen más pequeños y se deshinchan. El aire sube por los bronquiolos, los bronquios, la tráquea y la laringe, llega a las fosas nasales y sale al exterior.

Intercambio de gases

En los pulmones se encuentran los **alvéolos pulmonares**. En ellos se produce el **intercambio de gases**. Durante este proceso, el **oxígeno** que procede del aire exterior pasa a la sangre, y el **dióxido de carbono** que está en la sangre pasa a los pulmones y sale al exterior.

Mediante la **respiración** obtenemos el **oxígeno** que las células necesitan para obtener energía. También expulsamos el **dióxido de carbono** que se produce en ellas.

¿Sabías que...?

Podemos saber cuánto aire cabe en nuestros pulmones

Los espirómetros son aparatos que indican cuánto aire cabe en nuestros pulmones.

Con un barreño, una botella transparente y un trozo de manguera podemos hacer un espirómetro casero.

Fíjate en la imagen y construye el tuyo. Luego, toma aire y sopla por la manguera. Verás que la botella se vacía debido al aire que introduces al soplar.

EL VIAJE DEL AIRE

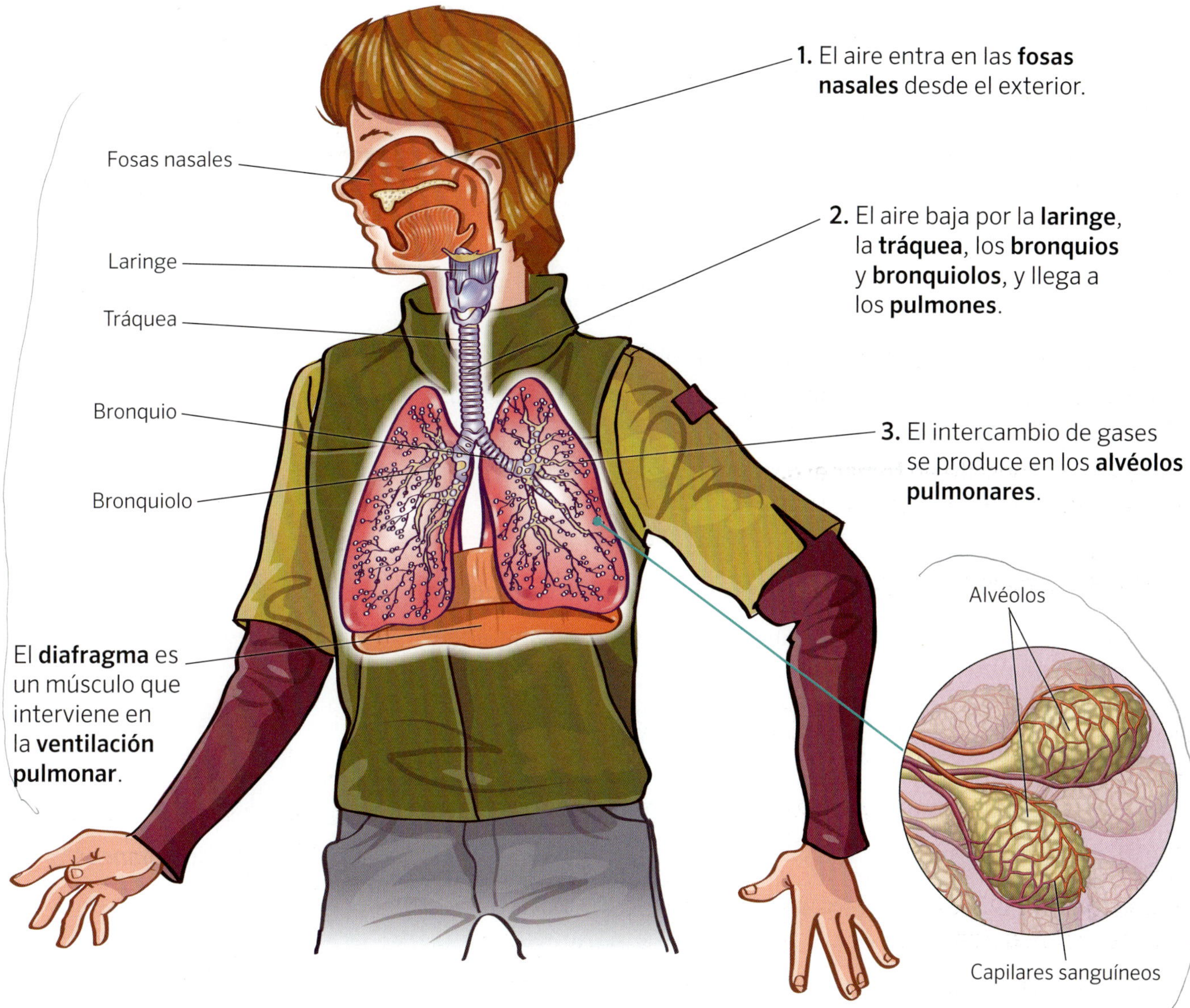

Actividades

9 Fíjate en las gráficas que aparecen en la página de la izquierda. ¿En qué tipo de actividad gastamos más energía? Razona tu respuesta.

10 ¿Qué sustancias utiliza nuestro organismo para conseguir energía?

11 smSaviadigital.com COMPRENDE ¿Cómo tiene lugar el intercambio de gases?

12 Si respiramos por la boca en vez de por la nariz, ¿el aire también se calienta y se limpia? Razona tu respuesta.

Relaciona

13 ¿Qué movimiento respiratorio representa cada imagen? Explica qué ocurre en cada una de ellas.

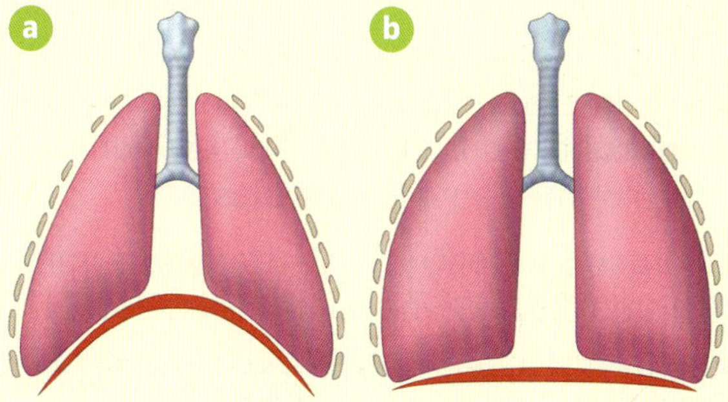

4 La circulación: el viaje de las sustancias

¡Salta veinte veces! Verás que además de respirar más deprisa, también se acelera tu pulso. ¿Por qué crees que ocurre?

Las células necesitan más energía al hacer ejercicio. Entonces el corazón trabaja más aprisa, pues el **aparato circulatorio** es el encargado de llevar a las células el oxígeno y los nutrientes que necesitan.

El aparato circulatorio es un **sistema cerrado de vasos sanguíneos comunicados entre sí** por el que circula la **sangre**. El **corazón** impulsa la sangre para que esta recorra el sistema circulatorio.

Los vasos sanguíneos

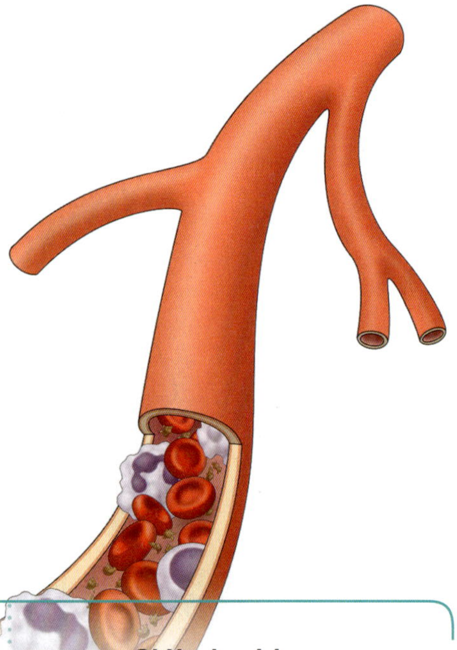

En nuestro organismo hay tres tipos de vasos sanguíneos:

- **Venas.** Son vasos por los que circula la sangre que va hacia el corazón.
- **Arterias.** Son vasos por los que circula la sangre que sale del corazón.
- **Capilares.** Son vasos muy finos que comunican las arterias y las venas. Permiten el intercambio de sustancias y gases con las células.

La sangre

La sangre está formada por **plasma sanguíneo** y **células sanguíneas**.

- El **plasma** es un líquido en el que que flotan las células sanguíneas. Además, lleva nutrientes y sustancias de desecho.
- Si observamos una gota de sangre al microscopio, vemos que en ella existen distintos tipos de **células sanguíneas**.

Glóbulos rojos

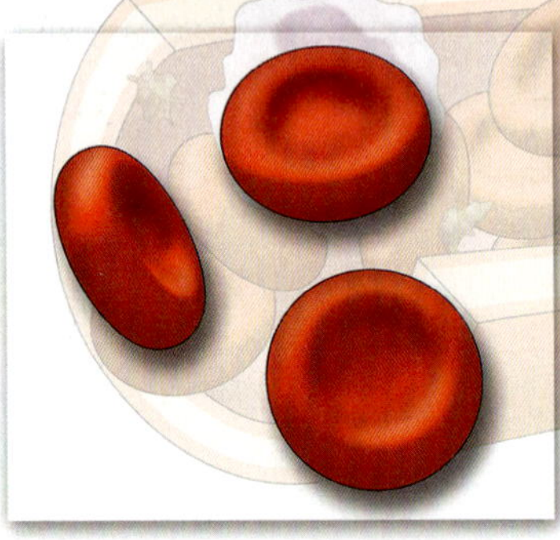

Transportan el oxígeno y el dióxido de carbono.

Plaquetas

Cierran las heridas para que la sangre no salga.

Glóbulos blancos

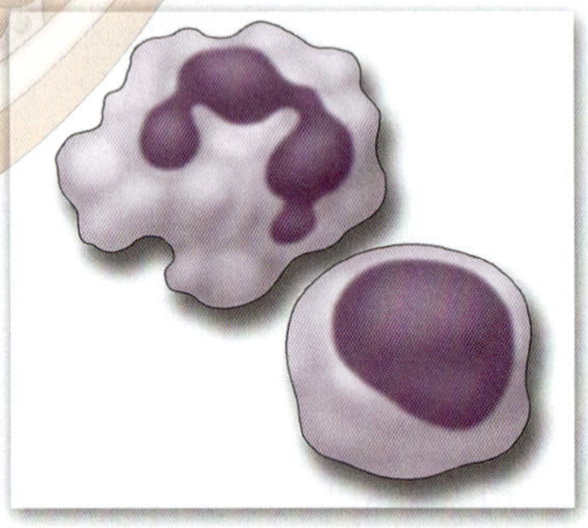

Defienden al organismo frente a microorganismos y virus.

El corazón

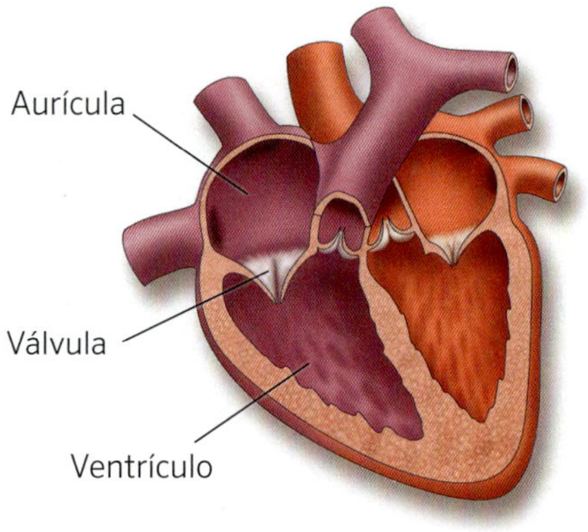

El corazón es un órgano musculoso formado por cuatro cavidades: dos **aurículas** y dos **ventrículos**. Las aurículas se comunican con los ventrículos mediante las **válvulas**.

Este órgano se contrae y se dilata para impulsar la sangre a todo el organismo. Lo hace mediante los **latidos**. El latido tiene dos fases:

- **Sístole.** El corazón se contrae y envía la sangre a las arterias.
- **Diástole.** El corazón se relaja y la sangre entra en su interior.

El recorrido de la sangre

La **circulación sanguínea** es el recorrido que realiza la sangre por el organismo. Este recorrido se divide en dos circuitos:

- **Circulación pulmonar.** Es el recorrido que realiza la sangre para pasar por los **pulmones**.
- **Circulación general.** Es el recorrido que realiza la sangre por **todo el organismo**, excepto por los pulmones.

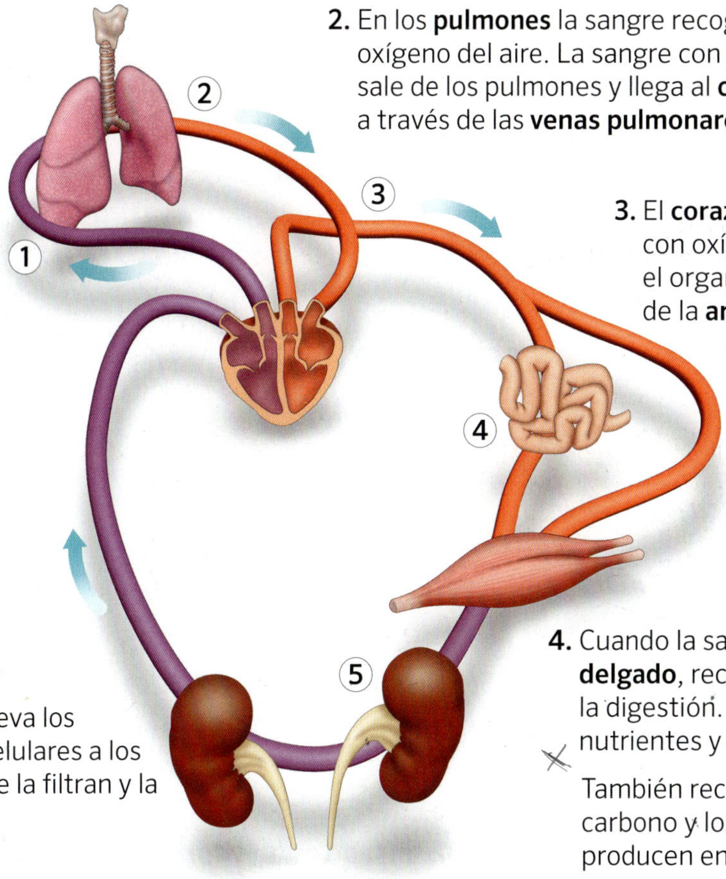

1. La sangre con dióxido de carbono llega al **corazón**. A través de las **venas cavas**, este la envía a los **pulmones** para expulsar el dióxido de carbono al exterior.

2. En los **pulmones** la sangre recoge el oxígeno del aire. La sangre con oxígeno sale de los pulmones y llega al **corazón** a través de las **venas pulmonares**.

3. El **corazón** envía la sangre con oxígeno por todo el organismo a través de la **arteria aorta**.

4. Cuando la sangre llega al **intestino delgado**, recoge los nutrientes de la digestión. La sangre cede los nutrientes y el oxígeno a las células.

También recoge el dióxido de carbono y los desechos que se producen en las células.

5. La sangre lleva los desechos celulares a los **riñones**, que la filtran y la limpian.

- El **sistema circulatorio** lleva **nutrientes y oxígeno** a las células. Además, las ayuda a desprenderse de los desechos.
- La sangre realiza dos recorridos: la **circulación pulmonar** y la **circulación general**.

Actividades

14 smSaviadigital.com JUEGA Y APRENDE

¿Sabes qué sustancias recorren nuestro aparato circulatorio? ¿Sabes dónde las toma y las lleva?

Relaciona

15 Realiza diferentes actividades como saltar, correr, andar, etc. Mídete el pulso y elabora una tabla con los resultados. Guárdala, porque la necesitarás para la tarea final.

5 La excreción. ¿Cómo eliminamos los desechos?

Las células generan muchos **desechos** en la producción de energía. ¿Cómo los elimina nuestro organismo?

Nuestro organismo elimina los desechos de distintas formas:

- El **dióxido de carbono** se elimina en el aparato respiratorio a través de los **alvéolos pulmonares**.
- El **resto de los desechos** se elimina en el **aparato excretor**. Este aparato está formado por el **sistema urinario** y las **glándulas sudoríparas**.

El sistema urinario

El **sistema urinario** está formado por los riñones, los uréteres, la vejiga urinaria y la uretra.

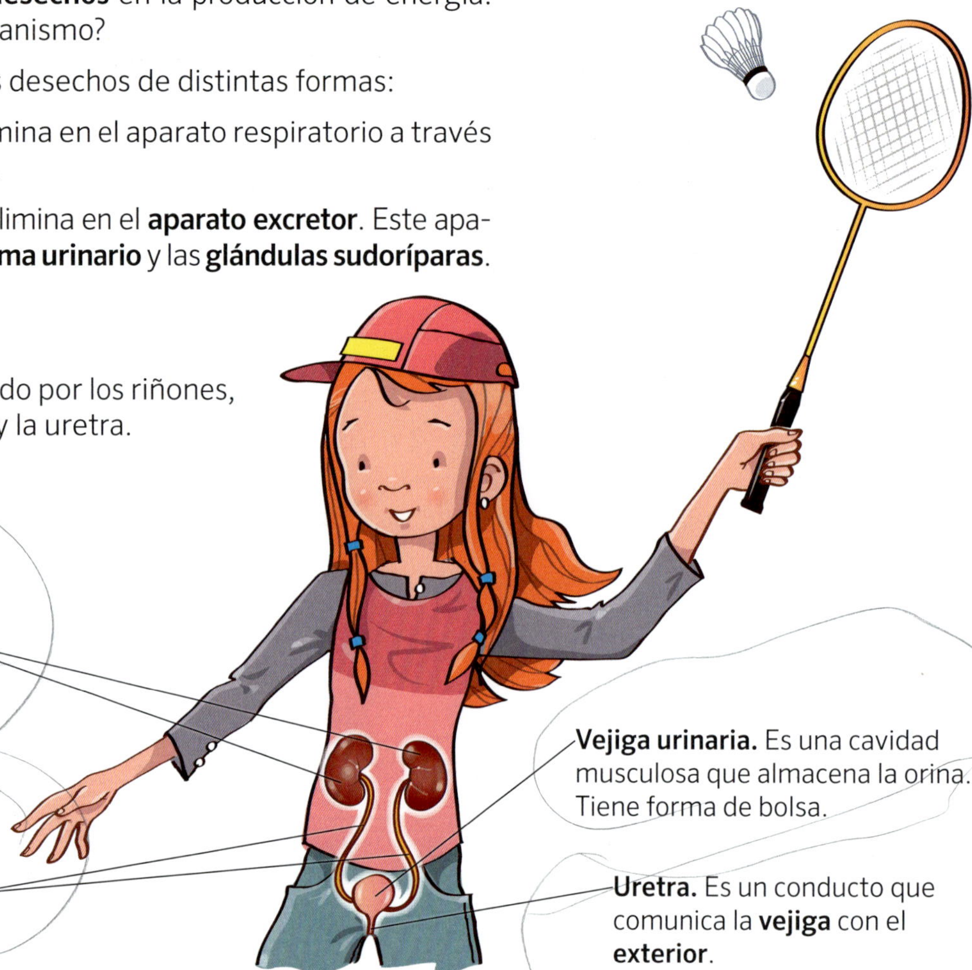

La formación de orina

La sangre recoge los desechos que producen las células y los lleva hasta los **riñones**. En el interior de estos órganos la sangre se **filtra** y sale limpia.

Los **desechos filtrados** en los riñones se mezclan con **agua** y forman la **orina**. Esta sale de los riñones por los **uréteres** y se va acumulando en la **vejiga**. Cuando la vejiga está llena, la orina se expulsa al exterior a través de la **uretra**.

Taller de ciencias

Busca semejanzas

La sangre se filtra en los riñones para eliminar los desechos. Podemos filtrar agua con arena mediante un embudo, una servilleta y un vaso. ¿Sucederá lo mismo que en los riñones?

Observa qué ocurre en la imagen.

16. ¿A qué órgano del sistema urinario correspondería la función de la servilleta? ¿Y la del vaso?
17. ¿Qué semejanzas encuentras con nuestros riñones?

Las glándulas sudoríparas

Cuando practicamos deporte o cuando hace calor, sudamos. El **sudor** está compuesto por agua y sustancias de desecho, y se produce en las **glándulas sudoríparas** de nuestra piel.

Las glándulas sudoríparas están formadas por un **tubo** largo. El extremo inferior del tubo actúa como **filtro** y el extremo superior acaba en un **poro** que se abre al exterior.

Las **funciones** de las glándulas sudoríparas son:

- **Filtrar la sangre.** Recogen **sustancias de desecho** de las células y **agua** y las expulsan al exterior en forma de **sudor**.
- **Controlar la temperatura corporal.** Cuando hace mucho calor, sudamos. Esto hace que nuestro cuerpo se refresque.

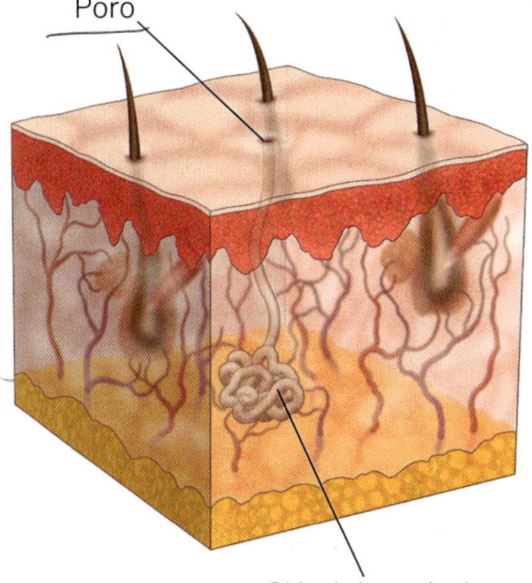

La importancia del agua en la excreción

¿Te imaginas que por nuestros poros salieran granitos de sal? Sería imposible. Por eso, las sustancias de desecho de nuestro organismo se expulsan en forma líquida. De esta forma, son mucho más fáciles de eliminar.

Las glándulas sudoríparas y los riñones necesitan **agua** para expulsar estas sustancias de desecho. Por eso, para ayudar a que nuestro aparato excretor funcione correctamente debemos beber una cantidad suficiente agua.

¡El agua es fundamental para nuestro cuerpo!

Evita hacer deporte durante las horas de más calor del día. Lleva ropa ligera y acuérdate de beber agua antes, durante y después de hacer ejercicio.

- El **aparato excretor** está constituido por el **sistema urinario** y las **glándulas sudoríparas**.
- Mediante la **excreción** se eliminan los **desechos** que producen nuestras células.

Actividades

18 Anota en tu cuaderno todas las sustancias de desecho que se producen en nuestro cuerpo. Después, indica cuál es el órgano que las elimina.

19 ¿Cuáles son los órganos que forman el aparato excretor?

20 Ordena estos órganos según el recorrido que sigue la orina desde su formación.

Vejiga urinaria · Riñones · Uretra · Uréteres

21 ¿En qué se diferencian la orina del sudor? ¿Qué tienen en común?

Relaciona

22 Los médicos saben la cantidad de agua que tenemos en el cuerpo por el color de nuestra orina.

Si la cantidad de agua en nuestro cuerpo es la correcta, la orina es de color amarillo claro o incolora.

¿Qué crees que puede indicar una orina de color amarillo oscuro?

23 A veces vemos en verano gente que hace ejercicio al mediodía abrigados con chaquetas y pantalones largos. ¿Crees que eso es bueno para su cuerpo? Razónalo.

Organiza tus ideas

Digiere los alimentos.

APARATO DIGESTIVO

Convierte los alimentos en nutrientes.

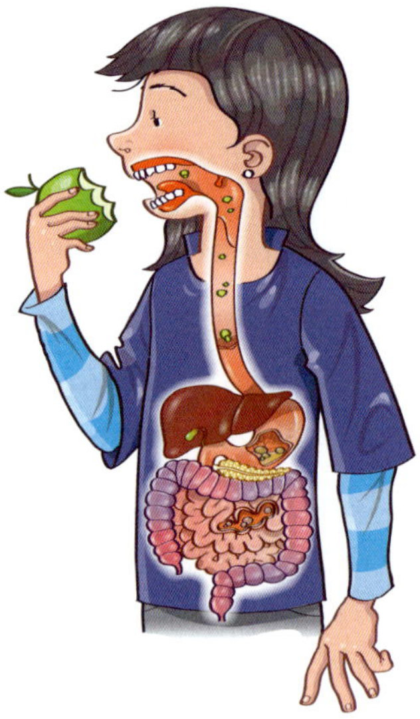

Agua

Nutrientes

Oxígeno

SUSTANCIAS

ENERGÍA

proporciona al organismo

LA NUTRICIÓN

Transporta nutrientes y oxígeno a las células.

APARATO CIRCULATORIO

Recoge los desechos de las células.

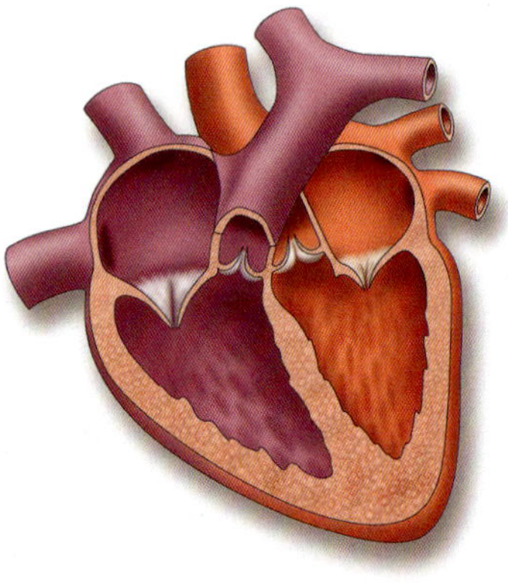

APARATO RESPIRATORIO → Capta el oxígeno. / Expulsa el dióxido de carbono.

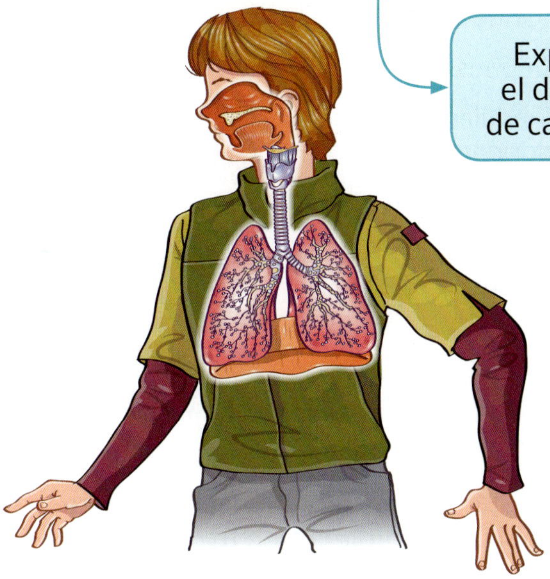

APARATO EXCRETOR → Expulsa los desechos en forma de orina y sudor.

Diccionario científico

Capilares: Vasos sanguíneos muy finos que forman densas redes en el interior de los órganos y comunican las arterias con las venas.

Nutrientes: Sustancias que los organismos obtienen a partir de los alimentos. Las células los utilizan para realizar las funciones vitales.

24 Escribe una oración en la que se relacionen los dos términos anteriores.

Trabaja con el esquema

25 Copia en tu cuaderno el dibujo del aparato digestivo que aparece en el esquema. Señala en él los principales órganos que lo forman.

26 ¿En qué parte del esquema colocarías las siguientes palabras? Indica cuál es la función de cada una de ellas.

a) Uréteres

b) Alvéolos

c) Intestino grueso

d) Glóbulos blancos

27 Indica cuál o cuáles de los siguientes aparatos eliminan los desechos que producen las células.

A. Aparato digestivo

B. Aparato respiratorio

C. Aparato circulatorio

D. Aparato excretor

Adivina adivinanza

Soy el director de la función.
Marco el ritmo de la circulación.
Si haces chitón
oirás mi canción.

Repasa la unidad

28 ¿En qué se diferencia el quimo del quilo? ¿En qué órgano del aparato digestivo encontramos el quimo? ¿Y el quilo?

29 Copia en tu cuaderno el siguiente esquema del aparato digestivo.

Colorea en azul el recorrido del bolo alimenticio, en amarillo el recorrido del quimo y, en verde, el del quilo.

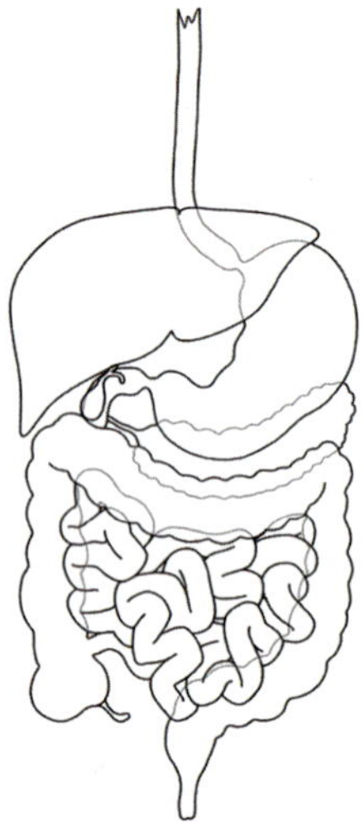

30 ¿A qué aparato o aparatos pertenecen la laringe y la faringe? Explica cuál es su función.

31 ¿Qué función tienen el vello y la mucosidad dentro de las fosas nasales?

32 Indica cuáles de las siguientes sustancias transportan los glóbulos rojos en nuestra sangre.

A. Agua

B. Oxígeno

C. Dióxido de carbono

D. Nutrientes

33 En la función de nutrición participan cuatro aparatos. ¿En cuáles el agua tiene un papel fundamental?

34 Copia en tu cuaderno las dos columnas y relaciónalas mediante flechas.

Alvéolo	Glóbulos blancos
Sangre	Oxígeno
Intestino delgado	Bilis
Hígado	Jugos gástricos
Estómago	Nutrientes

35 ¿Qué sustancias expulsa el aparato excretor de nuestro cuerpo?

36 Indica a qué aparato se refiere cada uno de los siguientes recuadros.

Orina Riñones Glándulas sudoríparas Sudor Sustancias de desecho	Oxígeno Alvéolos Inspiración Bronquios Diafragma Dióxido de carbono

37 Explica la diferencia que existe entre alimentarse y nutrirse.

38 Observa esta imagen. ¿Qué crees que representa? Cópiala y complétala en tu cuaderno.

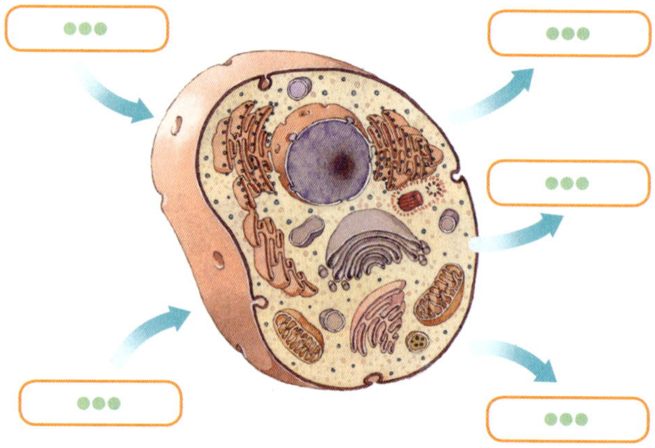

39 Copia en tu cuaderno este dibujo del sistema urinario y nombra las partes señaladas.

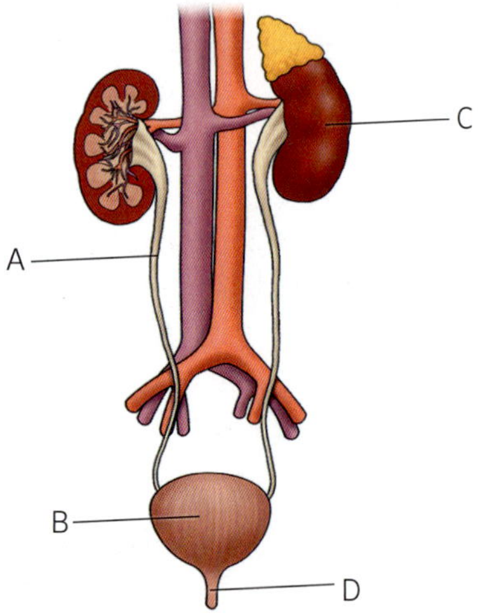

Relaciona con lo que sabes

40 En reposo, el corazón de Iván late unas 65 veces por minuto. En la siguiente tabla aparecen los latidos por minuto que realiza su corazón con diferentes niveles de esfuerzo.

Nivel de esfuerzo	Latidos por minuto
Bajo	119
Medio	135
Alto	158
Muy alto	161

a) ¿Por qué a medida que el esfuerzo es mayor aumenta el número de latidos por minuto? Justifica tu respuesta.

b) Copia la tabla en tu cuaderno y complétala. Añade una columna a la derecha con los siguientes datos de consumo de oxígeno en los cuatro niveles de esfuerzo:

- 1,0 litros cada minuto
- 0,5 litros cada minuto
- 0,3 litros cada minuto
- 0,8 litros cada minuto

¿A qué tipo de esfuerzo corresponde cada dato? Justifica tu respuesta.

41 La anemia es una enfermedad que se caracteriza porque la sangre tiene menos glóbulos rojos de lo normal. Las personas que la padecen se sienten cansadas y débiles.

a) ¿Por qué crees que la falta de glóbulos rojos en nuestro organismo produce estos síntomas?

Pista: Relaciona esta enfermedad con la función que cumplen los glóbulos rojos en la nutrición.

b) Si en vez de tener menos cantidad de glóbulos rojos tuvieran una menor cantidad de glóbulos blancos, ¿crees que esas personas se sentirían también cansadas o débiles? ¿Cómo afectaría esto a sus defensas frente a las enfermedades?

42 La digestión empieza en la boca. Los dientes trituran los alimentos en un proceso físico. Pero en la boca también tiene lugar un proceso químico en el que interviene la saliva. Investiga. ¿Con qué tipo de alimentos relacionas este proceso? ¿En qué consiste?

43 Observa estas imágenes y contesta.

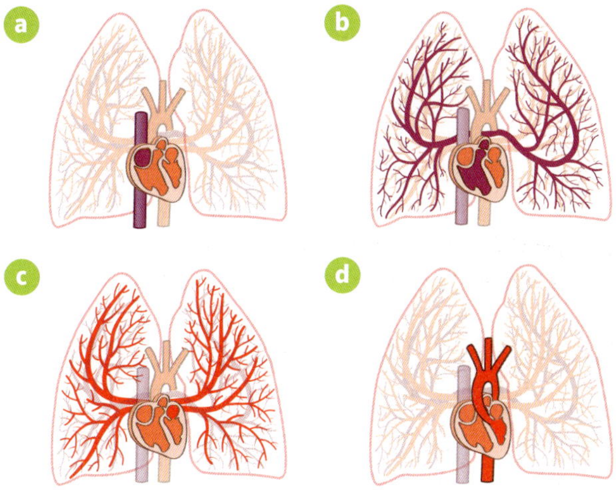

a) ¿Qué representan los cuatro dibujos? Copia y completa la tabla según corresponde.

	Sí/No
La circulación general	●●●
La circulación pulmonar	●●●
El recorrido de la sangre en el corazón	●●●
Todos los tipos de vasos sanguíneos	●●●

b) ¿Qué ocurriría en la sangre si no existiera el tabique que separa el ventrículo derecho y el ventrículo izquierdo? Explica las consecuencias que tendría para el organismo.

smSaviadigital.com
VALORA LO APRENDIDO Comprueba lo que sabes en la **autoevaluación**.

Ponte a prueba

Compara ▸ El aparato circulatorio en los vertebrados

Durante una visita a una exposición sobre animales, Lucía ha visto que los aparatos circulatorios de los distintos grupos de vertebrados no son iguales.

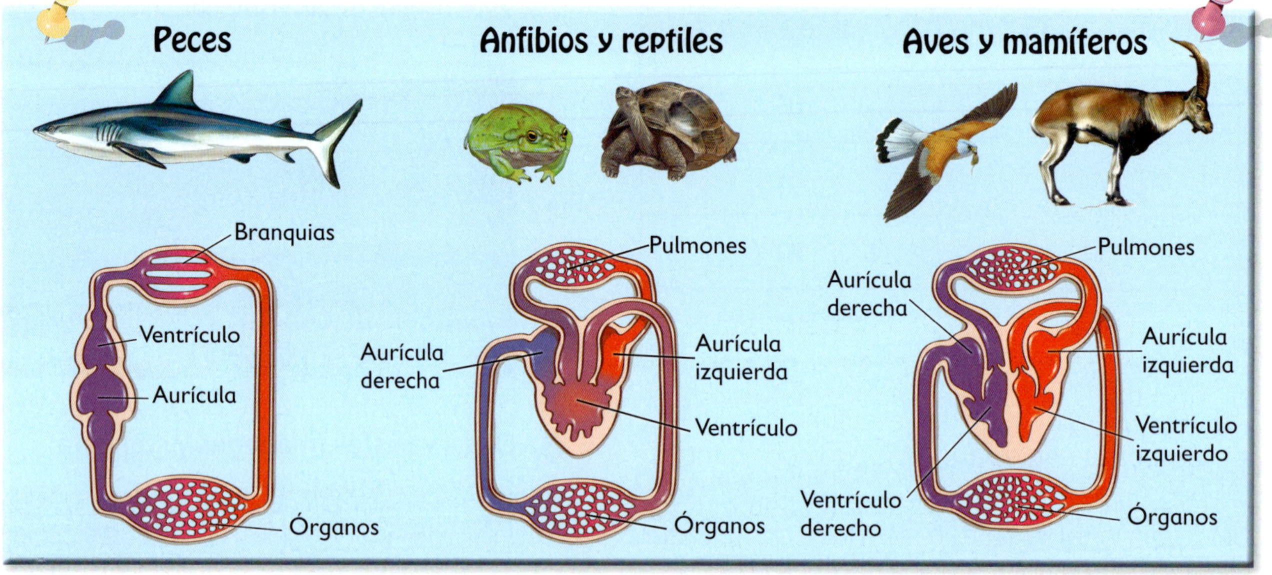

1. Observa y compara las imágenes de la exposición con mucha atención. Después, copia y completa la tabla.

	Peces	Anfibios	Reptiles	Aves	Mamíferos
Número de cavidades del corazón	●●●	●●●	●●●	●●●	●●●
Número de aurículas	●●●	●●●	●●●	●●●	●●●
Número de ventrículos	●●●	●●●	●●●	●●●	●●●

2. Explica cuál es la función del aparato circulatorio.

3. ¿En qué órganos se produce el intercambio de gases en cada grupo de vertebrados?

4. Dos de los grupos de vertebrados tienen circulación doble.
   a) ¿De qué grupos se trata?

   b) ¿Qué quiere decir que la circulación es doble? Explica el recorrido de la sangre en este tipo de circulación.

Observa y deduce ▸ El aire que respiras

Al respirar, tomamos oxígeno para realizar la nutrición. El aire contiene otros gases, pero solo se aprovecha el oxígeno.

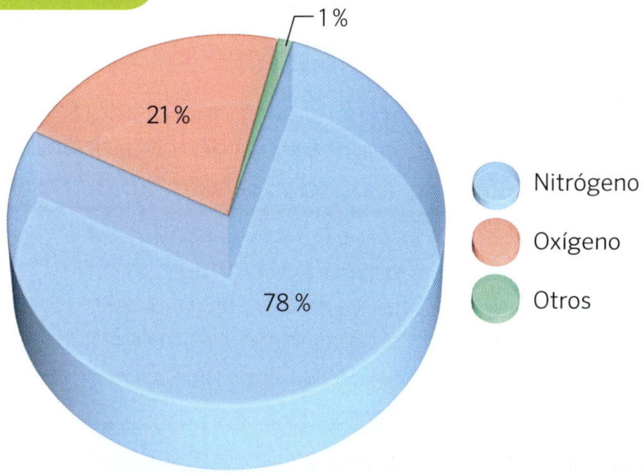

1. Observa la gráfica de la composición del aire.
   a) ¿Cuál es el porcentaje de oxígeno en el aire?
   - 22
   - 38
   - 21

   b) ¿Cuál es el gas más abundante?
   - Oxígeno
   - Nitrógeno
   - Otros

2. A veces, el aire contiene gases perjudiciales para la salud, como el dióxido de nitrógeno. Si la cantidad de estos gases supera ciertos niveles, el aire que respiramos no es saludable.

   Para medir la calidad del aire se hacen mediciones y los resultados se recogen en mapas como este.

   ¿Cómo podemos considerar, en general, la calidad del aire en la península Ibérica ese día?

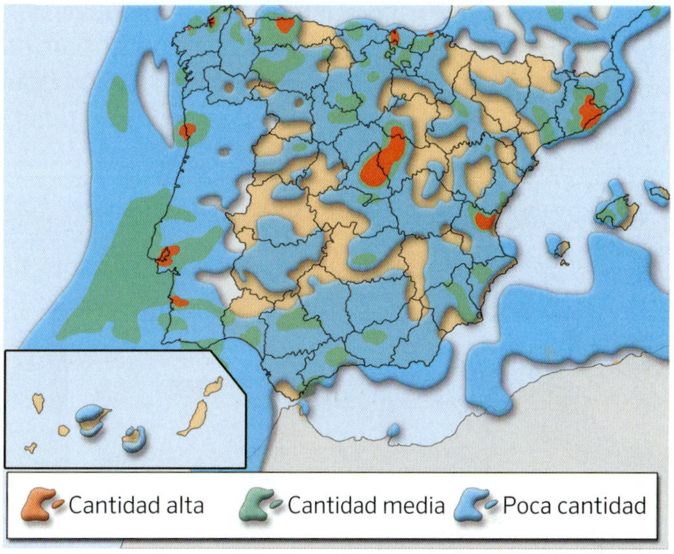

3. Haz un dibujo del aparato respiratorio. Indica en el dibujo el recorrido que realiza el aire que respiramos.

Tarea final La sangre salva vidas

PASO 1 ¿Sabes hasta qué punto es necesaria la donación de sangre? Analiza los siguientes datos de la Cruz Roja Española.

- A lo largo de su recorrido, la sangre realiza tareas clave: respiratoria, nutritiva, excretora, defensiva y reguladora.
- Solo el 5 % de los posibles donantes dona sangre.
- Cada tres segundos alguien necesita sangre.
- 450 ml de sangre pueden salvar hasta tres vidas.
- 1 de cada 10 personas admitidas en un hospital necesita sangre.
- 1 de cada 2 españoles necesitará sangre alguna vez en su vida.
- Todo el proceso de donación, incluido el reposo, dura menos de 30 minutos.

PASO 2 Selecciona tres de los datos anteriores y elabora un cartel informativo para animar a la gente a hacerse donante. Incluye algún dibujo para ilustrarlo.

smSaviadigital.com

VALORA LO APRENDIDO ¿Cómo has trabajado en esta tarea?

TU REVISTA

¿Qué pasa con mis bacterias?

Aunque no las vemos, se estima que distribuidas por todo nuestro cuerpo viven cientos de miles de millones de bacterias, desde la parte más externa, como es la piel, hasta el intestino.

Algunas bacterias causan infecciones, mientras que otras cumplen una función beneficiosa para nuestro organismo: pueden ayudarnos a destruir intrusos o a que aprovechemos mejor los alimentos que comemos.

Un ejemplo de este último tipo son las bacterias que viven en nuestro intestino y que constituyen la llamada flora intestinal. La flora intestinal es esencial para la absorción de algunos nutrientes y, aunque parezca imposible, la desaparición de estos seres vivos podría ocasionarnos enfermedades.

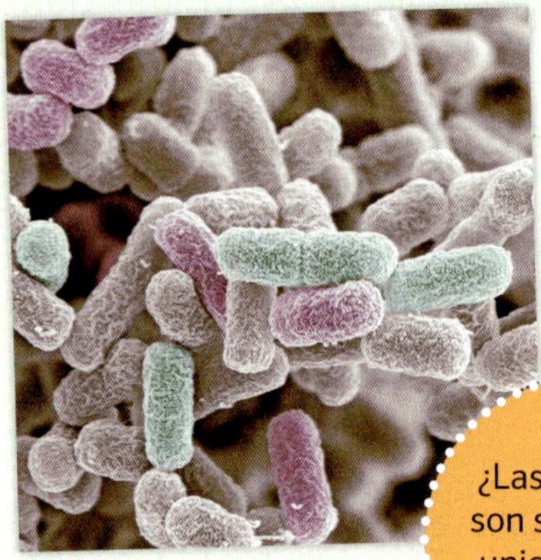

¿Las bacterias son seres vivos unicelulares o pluricelulares?

Los ácaros pertenecen al reino animal. ¿Qué otros reinos conoces?

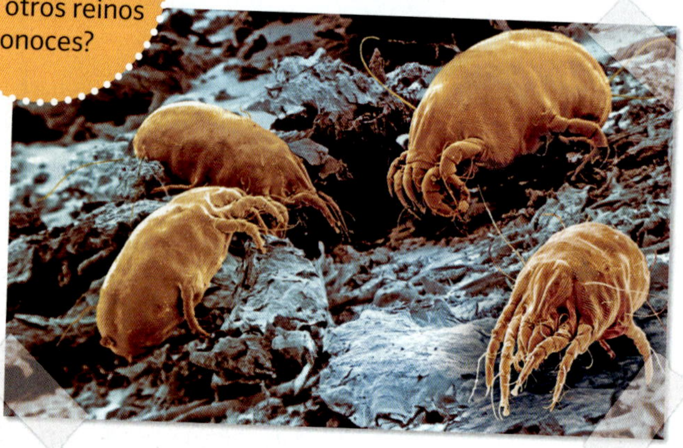

Nuestros molestos vecinos

Aunque no los veamos, los ácaros viven con nosotros, en nuestra casa, principalmente en las motas de polvo. ¡Imagina lo diminutos que son!

Entran con el aire y se depositan en cualquier lugar, sobre todo en cortinas, cojines o sofás. En general no causan molestias, pero a veces pueden provocar alergia: solemos llamarla "alergia al polvo". Para evitar que se acumulen, es importante airear nuestra casa y mantenerla limpia y libre de polvo.

La increíble máquina humana: un festival de grandes números

¿Para qué necesita nuestro organismo el oxígeno?

Cada día entran en nuestros pulmones unos 14.000 litros de aire, ¡más del que cabe en seis gigantescos globos aerostáticos!

Esa enorme cantidad de aire proporciona el oxígeno a nuestra sangre a través de la extensa superficie interna de nuestros pulmones, que alcanza unos 70 metros cuadrados. ¡Casi la mitad de una cancha de tenis!

Blog

¿Cómo se transforman los alimentos en nutrientes?

Pon un arcoíris en tu dieta

Un grupo de investigadores holandeses han clasificado los vegetales en grupos según su color y los han asociado a determinados beneficios nutricionales.

Los verdes, como las espinacas, la lechuga, los guisantes o las judías, aportan magnesio, importante para el proceso de relajación muscular.

Los de color naranja o amarillo intenso, como la zanahoria, la calabaza, la naranja o el melocotón, tienen compuestos antioxidantes y propiedades fotoprotectoras, beneficiosas para nuestra piel.

Los blancos, como la pera, la manzana, el plátano o la coliflor, protegen los vasos sanguíneos del cerebro.

Y los rojos y morados, como el tomate, las cerezas, la lombarda o el pimiento, contienen sustancias con propiedades que previenen enfermedades cardiacas.

El ataque de hipo más largo de la historia

Un granjero de Estados Unidos, llamado Charles Osborne, tuvo en 1922 un ataque de hipo que le duró ¡68 años!

Durante este tiempo no dejó de emitir los sonidos característicos, pero pudo hacer vida normal: se casó, tuvo hijos e incluso sacó partido de su problema exponiendo su caso en la prensa y en programas de radio.

Este fenómeno está relacionado con el funcionamiento del aparato respiratorio. Se produce por una repetida contracción rápida y brusca del diafragma, que se acompaña del cierre de las cuerdas vocales y produce el sonido que conocemos como hipo.

¿Con qué función vital está relacionado el aparato respiratorio?

Una puerta que se cierra

La epiglotis es un pliegue cartilaginoso situado en la garganta que permite el paso del aire a la laringe.

Al comer, la epiglotis cierra el acceso a la tráquea impidiendo que el alimento llegue al aparato respiratorio y permitiendo su paso al esófago.

A veces comemos o bebemos deprisa y la epiglotis no llega a cerrarse. Entonces sentimos un atragantamiento incómodo que nos hace toser con fuerza. Se debe a que lo que estábamos tomando ha pasado a la tráquea, por eso decimos que "se ha ido por otro sitio".

¿Qué partes del aparato digestivo recorre el alimento hasta ser expulsado en forma de heces?

Comprueba lo que has aprendido

Test

¿Recuerdas todo lo que has aprendido durante este trimestre? Compruébalo en este test.

1. Señala qué afirmación es correcta.

A. Los seres macroscópicos son aquellos que no realizan las funciones vitales.
B. A pesar de su reducido tamaño, los seres microscópicos realizan las funciones vitales.
C. Las funciones vitales de los seres vivos son la nutrición y la reproducción.
D. Los seres pluricelulares están formados por una sola célula.

2. ¿Qué opción indica las partes de esta célula?

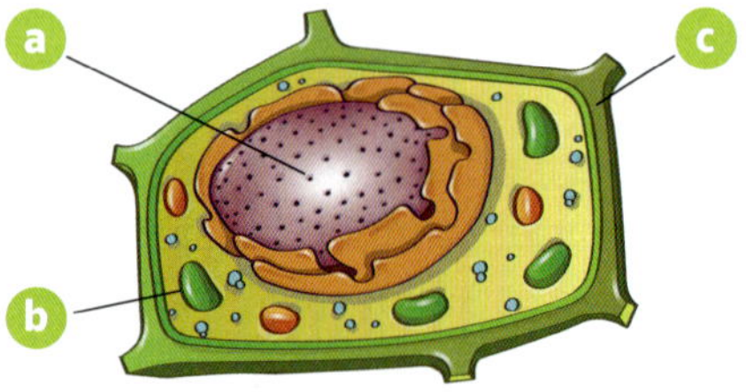

A. Pared celular, membrana celular y núcleo
B. Membrana celular, citoplasma y núcleo
C. Pared celular, cloroplasto y núcleo
D. Membrana celular, pared celular y núcleo

3. ¿Qué cinco niveles de organización tienen los seres vivos pluricelulares? Indica el orden correcto.

A. Célula, tejido, aparato, órgano y organismo
B. Célula, órgano, tejido, aparato y organismo
C. Célula, tejido, órgano, aparato y organismo
D. Tejido, célula, órgano, aparato y organismo

4. ¿Qué imagen está relacionada con el reino de los hongos?

A. a B. b C. c

5. ¿Qué afirmación sobre la nutrición es falsa?

A. El oxígeno que tomamos del aire al respirar se convierte en nutrientes.
B. El oxígeno y los nutrientes se transforman en energía.
C. Las células utilizan el oxígeno del aire y los nutrientes de los alimentos.
D. Las células producen materia, energía y sustancias de desecho.

6. ¿En qué órgano del aparato digestivo se forma el quimo?

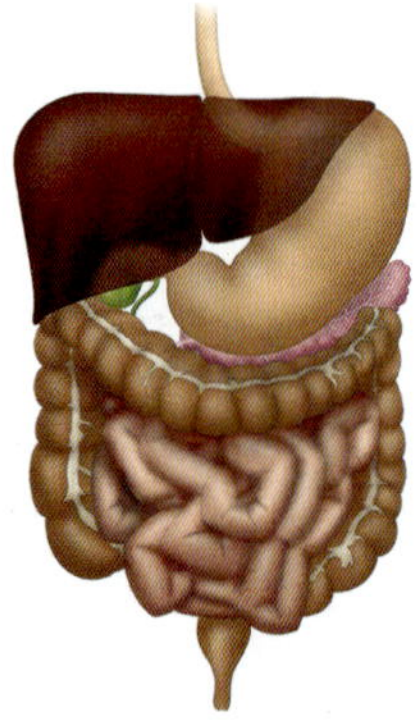

A. Esófago
B. Estómago
C. Intestino delgado
D. Intestino grueso

7. En el movimiento de inspiración...

A. el diafragma se contrae, el tórax se expande y los pulmones se hacen más grandes.
B. el diafragma se relaja, el tórax se reduce y los pulmones se deshinchan.
C. el diafragma se contrae, el tórax se reduce y los pulmones cogen aire.
D. el diafragma se contrae, el tórax se expande y el aire sale de los pulmones.

8. Las plaquetas de la sangre...

A. transportan oxígeno y dióxido de carbono.
B. taponan las heridas para que la sangre no salga.
C. defienden el organismo frente a microorganismos y virus.
D. transportan las sales minerales.

smSaviadigital.com REPASA

Un descubrimiento interesante

María y su grupo hicieron un interesante experimento. Plantaron una patata en un tiesto, lo colocaron en un lugar luminoso y lo regaron. Al cabo de unos meses, vieron cómo había crecido una hermosa planta.

Sorprendidos por la experiencia, ahora quieren averiguar cómo se nutren otros seres vivos: un hongo, un conejo, una lombriz de tierra y los seres humanos.

1. ¿Las patatas son seres vivos unicelulares o pluricelulares? Dibuja en tu cuaderno cómo sería una célula del tallo de la patata.
2. ¿A qué reino pertenece la patata? Explica cómo se nutren los seres vivos que forman parte de este reino.
3. Todos los seres vivos necesitan nutrirse para realizar sus funciones vitales, pero ¿todos lo hacen igual? Asocia la seta, el conejo y la lombriz con el texto correcto.

   a) Se alimenta de restos orgánicos que hay mezclados en la tierra.
   b) Se alimenta de materia orgánica en descomposición.
   c) Se alimenta de plantas. Es herbívoro.

4. Las personas pertenecemos al reino de los animales. ¿Cómo conseguimos la materia y la energía para realizar las funciones vitales? Indica cómo se llaman estos aparatos que intervienen en la nutrición y explica cuál es la función de cada uno.

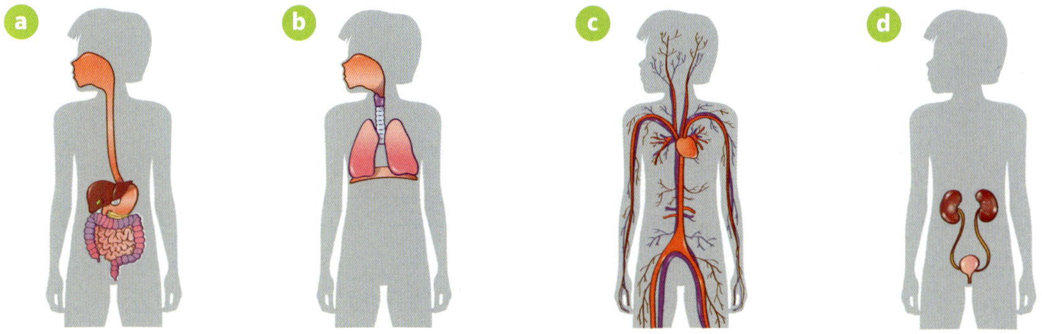

Una máquina con vida

PROYECTO TRIMESTRAL
Descubrimos la naturaleza

La nutrición te divierte

Todos los seres vivos realizamos tres funciones vitales: nutrición, relación y reproducción. Las tres funciones son igual de necesarias, pero ahora vamos a profundizar en una de las tres, la función de nutrición.

Ponte en marcha

1. Por grupos, recordad lo que habéis aprendido sobre esta función vital. Podéis recoger la información en una ficha.

2. A continuación, cada grupo tendrá que elegir uno de los aparatos que intervienen en la función de nutrición.

3. ¿Qué información sobre el aparato seleccionado creéis que es más importante? Anotadla porque luego vais a tener que presentarla ante el resto de la clase para que todos la aprendan.

¡Manos a la obra!

4 **Elegid una de estas formas de presentar la información. Fíjate en los ejemplos:**

GRUPO DE MONÓLOGOS

Todos los miembros del grupo van disfrazados de órganos. Cada uno habla sobre su misión en la vida y comenta que se siente importante porque, sin él, pasarían en el cuerpo cosas muy desagradables.

CONCURSO DE ADIVINANZAS

El grupo inventa adivinanzas sobre el aparato seleccionado y los órganos que lo componen.
Las adivinanzas pueden basarse en la forma de los órganos, su función, el aparato al que pertenecen...

MINIOBRA DE TEATRO

Cada actor representa un órgano. El argumento de la obra es que todos los personajes se van encontrando para construir juntos algo muy importante: un aparato. Así, contribuyen a esa gran función que es la nutrición.
Inventad los diálogos y escribid la historia. También podéis cantar.

Reflexiona

5 **Por último, recoge en tu cuaderno lo que has aprendido gracias a la presentación de cada grupo. Compáralo con lo que cada grupo pensaba que debías aprender.**

unidad 3

La reproducción

¡Qué importante es... observar y analizar!

Antiguamente, la explicación a muchos fenómenos se basaba en suposiciones y, a menudo, se llegaba a conclusiones equivocadas. Gracias a la capacidad de observación y análisis de los científicos y a los avances tecnológicos, se han llegado a conocer con precisión muchos procesos naturales.

Tarea final

Al final de la unidad, podrás poner a prueba tu capacidad de observación y análisis para investigar en torno a los cuidados y a la evolución de los bebés.

¡Menudos hombrecitos!

Hace muchos años, en la época en que la gente se alumbraba con velas y se entretenía escuchando historias al amor de la lumbre, el fabricante de microscopios Leeuwenhoek descubrió los espermatozoides. Lo primero que pensó al verlos es que podrían ser pequeñísimos animales que se movían a sus anchas. Más tarde, supuso que se trataba de semillas que se desarrollaban en el cuerpo de la mujer para que se formara un niño. Una curiosa idea, ¿verdad?

No menos sorprendente fue la explicación de su colega Hartsoeker, que décadas después creyó ver en los espermatozoides hombres completos, pero minúsculos. El científico supuso que, después, crecían y crecían en el vientre de las madres hasta convertirse en bebés.

Hablamos

1. ¿Cómo crees que pudo influir la falta de medios técnicos a la hora de investigar y contrastar las ideas que propusieron Leeuwenhoek y Hartsoeker?

2. ¿Con qué función vital está relacionada la palabra *espermatozoide*?

   A. Nutrición B. Relación C. Reproducción

3. Completa la oración con la opción correcta.

   Los seres humanos somos...

   A. vertebrados, mamíferos y ovíparos.
   B. invertebrados, mamíferos y ovíparos.
   C. vertebrados, mamíferos y vivíparos.
   D. invertebrados, mamíferos y vivíparos.

4. Ordena las etapas de la vida de las personas.

   Madurez · Ancianidad · Juventud · Infancia · Adolescencia

5. **¿Y tú qué opinas?** ¿En qué etapas de la vida crees que los seres humanos necesitamos más cuidados? Explica por qué.

1 Las etapas de la vida y los caracteres sexuales

Fíjate en el álbum de fotografías de los hermanos Diego y María. ¿En qué momento se hicieron más evidentes las diferencias entre ellos?

Las características físicas que distinguen a los hombres y a las mujeres se llaman **caracteres sexuales**. Estas diferencias se hacen más o menos evidentes según la fase o **etapa de la vida** en la que nos encontremos.

Las etapas de la vida

A largo de nuestra vida, las personas atravesamos tres etapas: la infancia, la adolescencia y la edad adulta.

- La **infancia** abarca desde el nacimiento hasta los 12 años de edad, aproximadamente. Durante los primeros años de vida, los niños y las niñas crecen muy rápidamente y adquieren múltiples habilidades como caminar, hablar y leer, por lo que se vuelven cada vez más autónomos.
- La **adolescencia** comprende desde los 12 hasta los 19 años de edad, aproximadamente. Entre los 11 y los 15 años tiene lugar la **pubertad**, etapa en la que los aparatos reproductores de chicos y chicas alcanzan su **madurez** y **capacidad fértil**. Esta etapa también se caracteriza por la aparición de diferencias físicas claras entre los chicos y las chicas.
- La **edad adulta** abarca, aproximadamente, desde los 19 años hasta el fin de la vida, y se divide en tres etapas: la **juventud**, la **madurez** y la **ancianidad**.

Los caracteres sexuales

Los **caracteres sexuales** que diferencian a los hombres y a las mujeres pueden ser de dos tipos:

- **Caracteres sexuales primarios:** son los **órganos reproductores** femenino y masculino. En el momento del nacimiento estos órganos ya están formados y permiten diferenciar si un recién nacido es una niña o un niño.
- **Caracteres sexuales secundarios:** son diferencias físicas entre los hombres y las mujeres que se hacen más evidentes durante la **pubertad**. A lo largo de esta etapa, el cuerpo de los chicos y de las chicas comienza a experimentar una serie de cambios, como la aparición de vello en el pubis y en las axilas. Además, se producen cambios específicos en cada sexo:
  - En los chicos, la voz se vuelve más grave, se ensanchan los hombros, la nuez se hace más evidente y en su rostro comienza a crecer el bigote y la barba.
  - En las chicas, se desarrollan las mamas y sus caderas se van ensanchando.

▶ Las etapas de la vida son: **infancia**, **adolescencia** y **edad adulta**.

▶ Los **caracteres sexuales** pueden ser **primarios** o **secundarios**.

Actividades

1. Clasifica en una tabla los caracteres sexuales primarios y secundarios de ambos sexos.

Trabaja con las imágenes

2. ¿Qué fotografías se corresponden con cada una de las etapas de la vida de Diego y María?
3. ¿Qué tipo de carácter sexual permite diferenciar a los dos hermanos justo después de nacer?
4. ¿En qué fotografía del álbum podemos ver a los hermanos durante la pubertad?

2 Los aparatos reproductores

¿En qué se diferencian el aparato reproductor masculino y el femenino?

El aparato reproductor masculino

El aparato reproductor masculino está formado por los siguientes órganos: los **testículos**, los **conductos deferentes**, las **vesículas seminales**, la **uretra** y el **pene**.

Los **testículos** son dos órganos que se encuentran fuera de la cavidad abdominal, cubiertos por un repliegue de piel llamado **escroto**. En los testículos se producen los **espermatozoides**, que son las células reproductoras masculinas.

Los **conductos deferentes** son dos conductos muy finos que recogen los espermatozoides de los testículos y los transportan hasta la uretra.

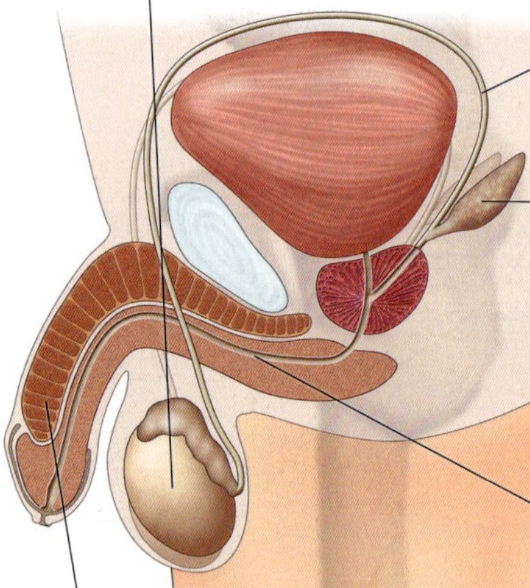

Las **vesículas seminales** son dos glándulas situadas detrás de la vejiga urinaria. Estas vesículas producen el **líquido seminal** y lo vierten en la uretra.

La **uretra** es un conducto en el que desembocan los conductos deferentes. A través de ella, los espermatozoides salen al exterior, junto con el líquido seminal.

La uretra también comunica la vejiga urinaria con el exterior. Por tanto, a través de la ella salen del cuerpo tanto los espermatozoides como la orina, pero nunca al mismo tiempo.

El **pene** es la parte más externa del aparato reproductor masculino. En su interior se encuentra la uretra.

- El aparato **reproductor masculino** está formado por los **testículos**, los **conductos deferentes**, las **vesículas seminales**, la **uretra** y el **pene**.
- El **aparato reproductor femenino** está formado por los **ovarios**, las **trompas de Falopio**, el **útero**, la **vagina** y la **vulva**.

¿Sabías que...?

El símbolo masculino representa al dios Marte, dios de la guerra en la mitología romana. El símbolo representa el escudo y la lanza que usaban los hombres cuando salían a cazar.

El símbolo femenino representa a la diosa Venus, diosa del amor, la belleza y la fertilidad en la mitología romana. El símbolo está formado por un círculo unido a una cruz y representa a la diosa con un espejo en la mano.

El aparato reproductor femenino

El aparato reproductor femenino está formado por los siguientes órganos: los **ovarios**, las **trompas de Falopio**, el **útero**, la **vagina** y la **vulva**.

Los **ovarios** son dos órganos del tamaño de una almendra. En ellos se producen y maduran los **óvulos**, que son las células reproductoras femeninas.

Las **trompas de Falopio** son dos conductos que comunican los ovarios con el útero.

• Por ellas pasan los óvulos al útero

El **útero** es una cavidad con unas gruesas paredes musculares. En él se desarrolla el futuro bebé.

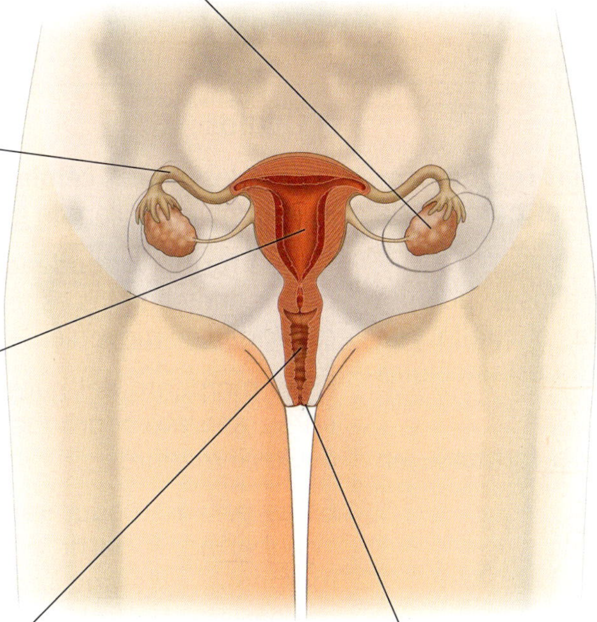

La **vagina** es el conducto que comunica el útero con el exterior.

• Por ella se produce el parto

La **vulva** es el órgano externo del aparato reproductor femenino. Está formada por unos repliegues de piel que protegen la entrada de la vagina.

Actividades

5 ¿Qué órgano comunica el aparato reproductor masculino con el exterior? ¿Y el aparato reproductor femenino?

6 smSaviadigital.com PRACTICA ¿Qué órganos forman los aparatos reproductores masculino y femenino?

7 Clasifica estos órganos según pertenezcan al aparato reproductor masculino o al aparato reproductor femenino.

Ovarios | Vulva | Testículos | Pene | Útero

3 Las células sexuales y la fecundación

Al igual que el resto de organismos vivos, los seres humanos realizamos las tres funciones vitales: la función de nutrición, la función de relación y la función de reproducción.

Gracias a la **función de reproducción**, los seres humanos originamos otros seres semejantes a nosotros y así aseguramos la continuidad de nuestra especie.

Los seres humanos tenemos un tipo de **reproducción sexual**. Esto significa que, para que se forme un nuevo ser, es necesario que se produzca la **unión de dos células sexuales**, una femenina y otra masculina, es decir, un óvulo y un espermatozoide. Este momento de la reproducción recibe el nombre de **fecundación**.

Las células sexuales

El aparato reproductor masculino produce **espermatozoides**, y el aparato reproductor femenino produce **óvulos**. Estas dos células sexuales son muy diferentes.

Espermatozoides

Los espermatozoides son las **células reproductoras masculinas**. También reciben el nombre de **gametos masculinos**.

Su tamaño es **muy pequeño** y en ellos se pueden diferenciar tres partes: la **cabeza**, el **cuello** y la **cola** o **flagelo**. Gracias a su flagelo estas células pueden moverse.

Los espermatozoides comienzan a formarse en los testículos durante la pubertad.

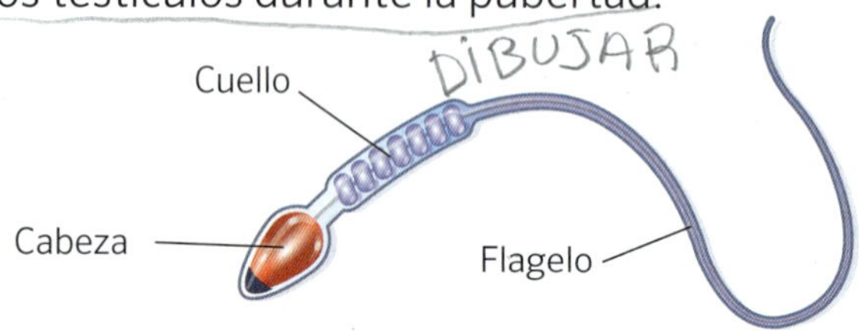

Óvulos

Los óvulos son las **células reproductoras femeninas**. También se llaman **gametos femeninos**.

Tienen **forma redondeada**, su tamaño es mucho mayor que el de los espermatozoides y no tienen capacidad de moverse.

En el momento del nacimiento, las niñas tienen en su aparato reproductor un gran número de óvulos inmaduros.

Estas células madurarán en la pubertad. A partir de ese momento, estarán preparadas para ser fecundadas.

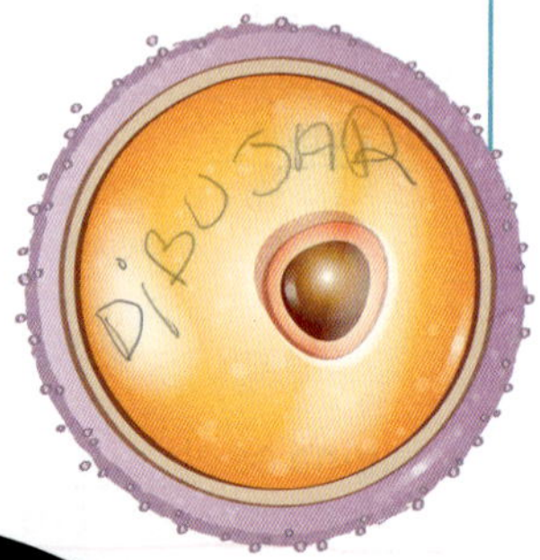

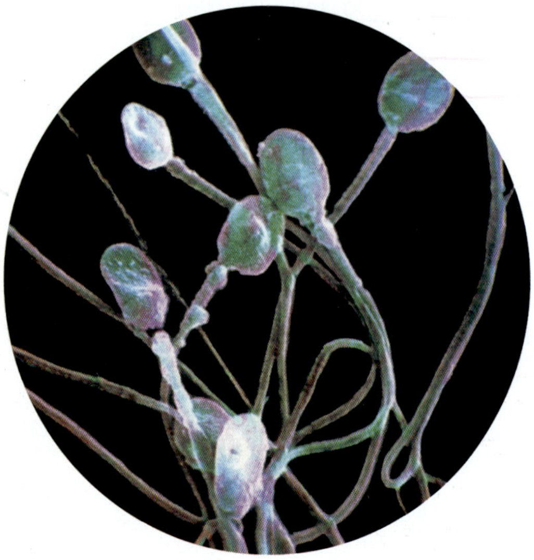

Espermatozoides vistos al microscopio.

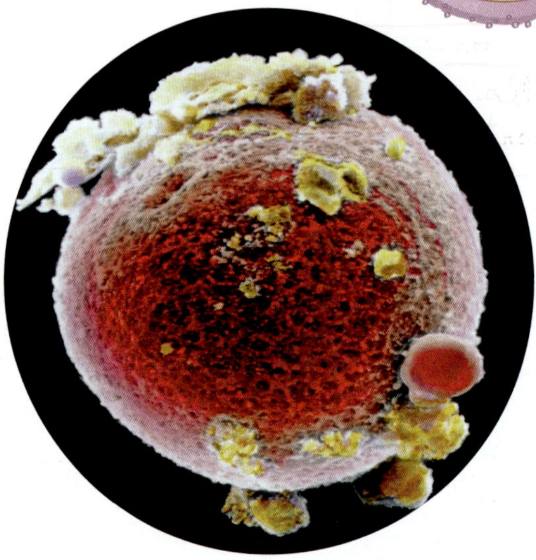

Óvulo visto al microscopio.

La fecundación

Cada 28 días, aproximadamente, un ovario libera un óvulo, que es arrastrado a través de las trompas de Falopio hacia el útero. Si durante ese recorrido el óvulo se encuentra con un espermatozoide, puede ser fecundado. La **fecundación** se produce cuando el espermatozoide alcanza el óvulo y consigue entrar en él.

A partir de ese momento, el óvulo fecundado o **cigoto** comienza a dividirse y recibe el nombre de **embrión**. Cuando el embrión llega al útero, se fija en sus paredes, es decir, se **implanta**, y sigue creciendo. Observa en el siguiente dibujo cómo se produce la fecundación.

¿Sabías que...?

La menstruación ocurre aproximadamente cada 28 días

Si no se produce la unión entre un óvulo y un espermatozoide, el óvulo se expulsa al exterior a través de la vagina, acompañado de una pequeña hemorragia. Este proceso se llama **regla** o **menstruación**.

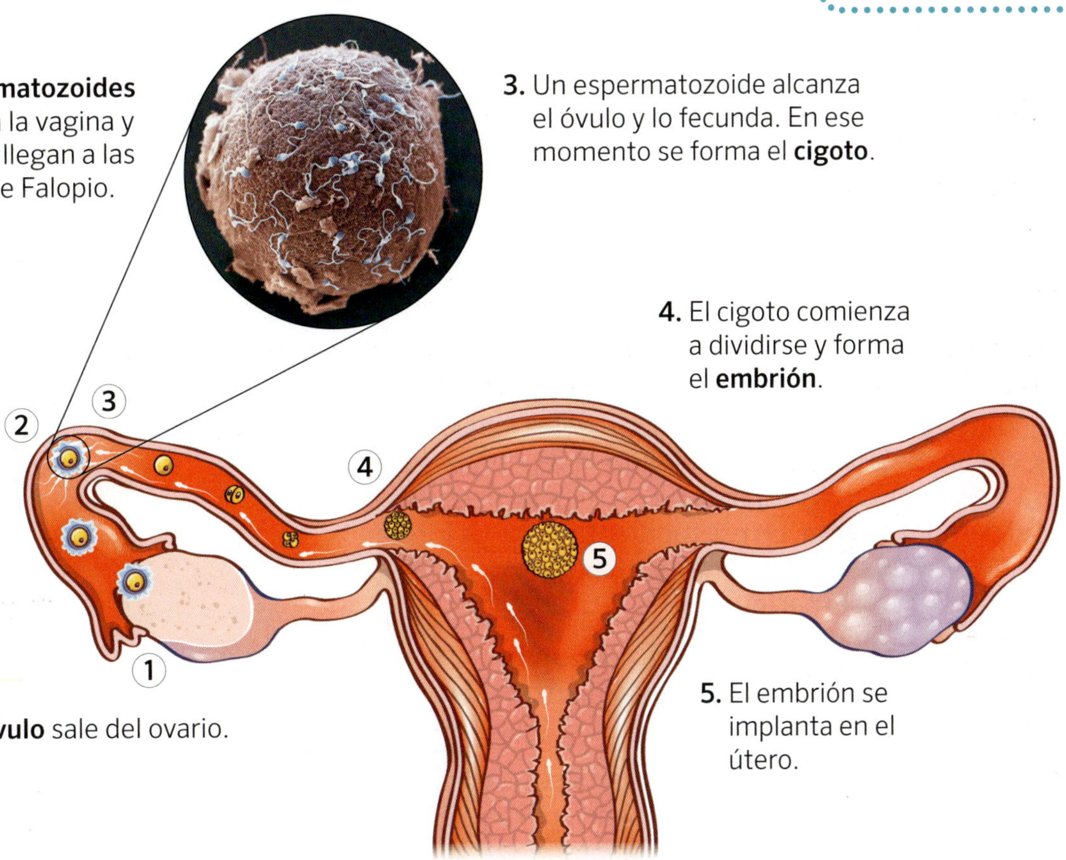

1. El **óvulo** sale del ovario.
2. Los **espermatozoides** atraviesan la vagina y el útero, y llegan a las trompas de Falopio.
3. Un espermatozoide alcanza el óvulo y lo fecunda. En ese momento se forma el **cigoto**.
4. El cigoto comienza a dividirse y forma el **embrión**.
5. El embrión se implanta en el útero.

- Los **espermatozoides** son las células reproductoras masculinas, y los **óvulos** las células reproductoras femeninas.
- La **fecundación** es el proceso de unión de un óvulo y un espermatozoide en una de las trompas de Falopio.

Actividades

8. smSaviadigital.com COMPRENDE ¿Cómo se produce la fecundación?

9. Explica las diferencias que existen entre un óvulo y un espermatozoide.

10. ¿En qué órgano del aparato reproductor femenino tienen lugar estos procesos?
    - La maduración del óvulo.
    - La unión de un óvulo y un espermatozoide.
    - La implantación del cigoto.

4 El embarazo y el parto

El **embarazo** dura aproximadamente nueve meses y termina con el **parto**. Durante este tiempo se producen muchos cambios, tanto en el embrión como en el cuerpo de la mujer.

La formación de la placenta

Durante las primeras fases del desarrollo del embrión, se crea un tejido en la pared del útero donde se ha producido la implantación. Este tejido, que se llama **placenta**, se encarga de captar el oxígeno y los nutrientes de la sangre de la madre. Dichas sustancias son las que necesita el bebé para crecer y desarrollarse. El **cordón umbilical** une la placenta con el bebé y a través de él, viajan los nutrientes y el oxígeno que capta la placenta.

Al mismo tiempo que se desarrolla la placenta, también se forma la **bolsa amniótica**. En su interior está el **líquido amniótico**, que rodea y protege al embrión.

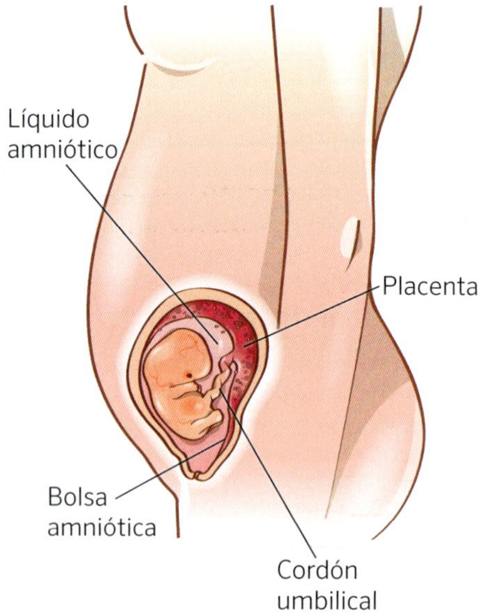

De embrión a feto

Durante los nueve meses que dura el embarazo, el embrión evoluciona y se prepara para el momento del nacimiento. Los cambios más importantes que ocurren durante este período son:

- **Primer trimestre.** Durante los dos primeros meses, aproximadamente, el cerebro del futuro bebé comienza a desarrollarse, su corazón late y aparecen unos pequeños bultos que, con el tiempo, serán sus brazos y sus piernas. Al final del primer trimestre el embrión recibe el nombre de **feto**. En ese momento tiene ya formados los órganos, que comienzan a funcionar, a excepción de los pulmones, que se estrenarán en el parto.
- **Segundo trimestre.** En este período el feto ya puede oír, se chupa el dedo, abre y cierra los ojos, y su madre comienza a sentir cómo se mueve.
- **Tercer trimestre.** A lo largo de los tres últimos meses, el feto crece y gana peso, de modo que, durante el octavo mes pesa ya entre dos kilos y medio y tres kilos. Sus órganos han madurado, por lo que está listo para poder vivir fuera del vientre materno. Los bebés que nacen antes de ese momento se consideran **prematuros** y, generalmente, necesitan cuidados especiales después del parto.

▶ **Primer trimestre**

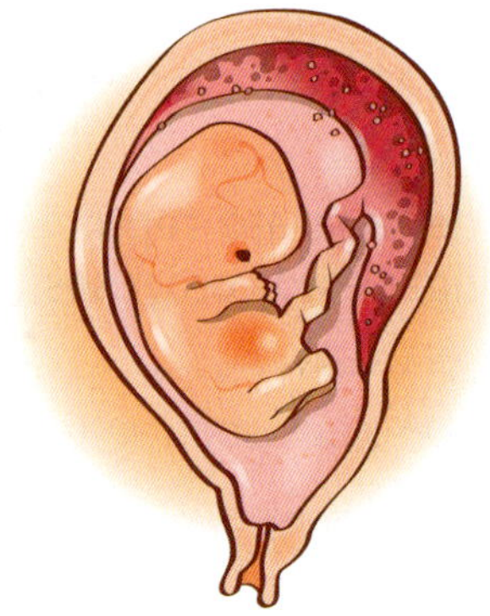

▶ **Segundo trimestre**

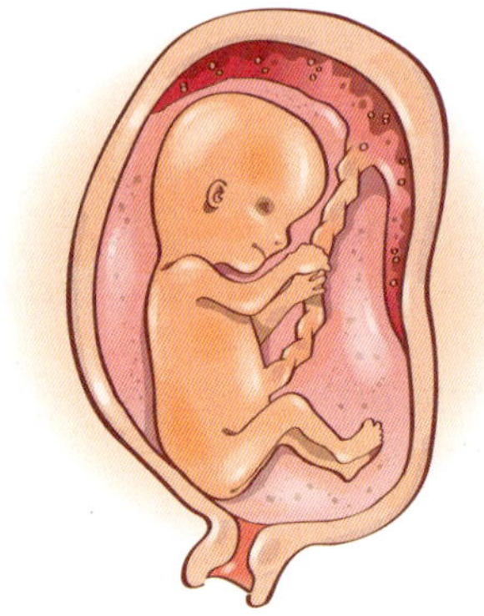

▶ **Tercer trimestre**

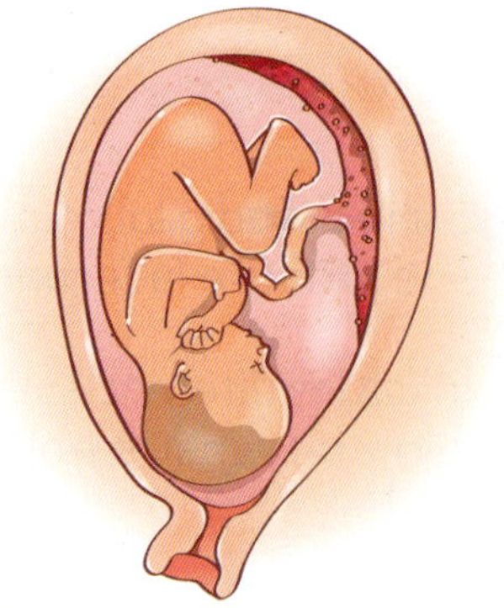

El parto

El **parto** es el momento del nacimiento del bebé y se desarrolla en tres etapas: la dilatación, la expulsión y el alumbramiento.

- Durante la **dilatación**, la zona del útero que se une a la vagina se dilata poco a poco hasta alcanzar un diámetro de unos 10 centímetros. Además, se producen contracciones rítmicas que empujan al feto hacia la vagina.
- La fase de la **expulsión** consiste en la salida del feto al exterior a través de la vagina. Cuando el bebé sale al exterior, la persona que atiende el parto corta el cordón umbilical. Después de unos segundos, el bebé inspira aire por primera vez y llora.
- El **alumbramiento** es la última fase del parto. En ella se produce la salida de la placenta al exterior.

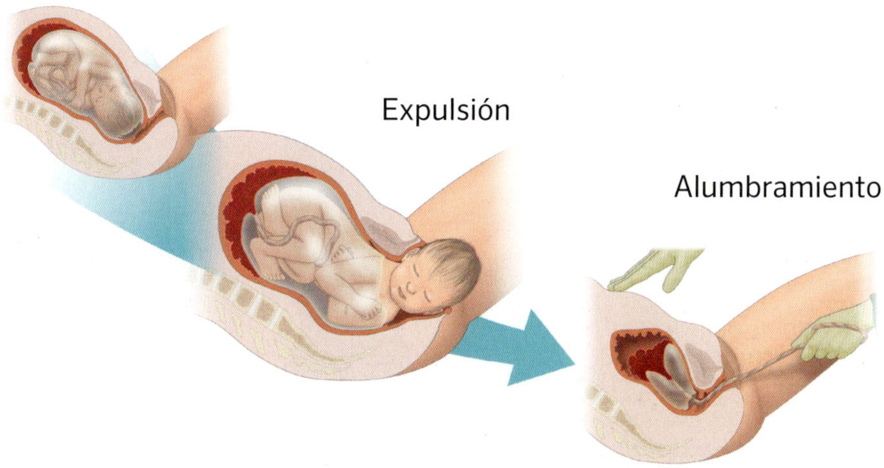

¿Sabías que...?

Los recién nacidos se alimentan de leche

Durante los primeros meses de vida, los bebés se alimentan exclusivamente de la leche que producen sus madres. La leche materna contiene todos los nutrientes que el bebé necesita y defensas contra muchas enfermedades.

Cuando la lactancia materna no es posible, se utilizan preparados especiales, con características parecidas a las de la leche materna, que permitirán que el bebé crezca sano.

- En las **primeras fases** del desarrollo del embrión, también se forman la **placenta**, el **cordón umbilical**, la **bolsa amniótica** y el **líquido amniótico.**
- El **parto** consta de tres fases: la **dilatación**, la **expulsión** y el **alumbramiento**.

Actividades

11 smSaviadigital.com COMPRENDE ¿Cómo crece y se desarrolla el futuro bebé en el vientre materno?

12 ¿Qué es la placenta? Explica cuándo se forma y cuál es su función.

13 ¿En qué trimestre del embarazo comienza el feto a oír lo que ocurre fuera del vientre de su madre?

Relaciona

14 Explica la relación que existe entre el desarrollo del feto, el parto y la formación del ombligo.

15 Las mujeres que esperan un bebé deben poner especial cuidado en que su alimentación sea sana y saludable. ¿Por qué? Razona tu respuesta.

Organiza tus ideas

FUNCIÓN DE REPRODUCCIÓN

intervienen

HOMBRE

Caracteres sexuales secundarios

Caracteres sexuales primarios

Aparato reproductor masculino

formado por

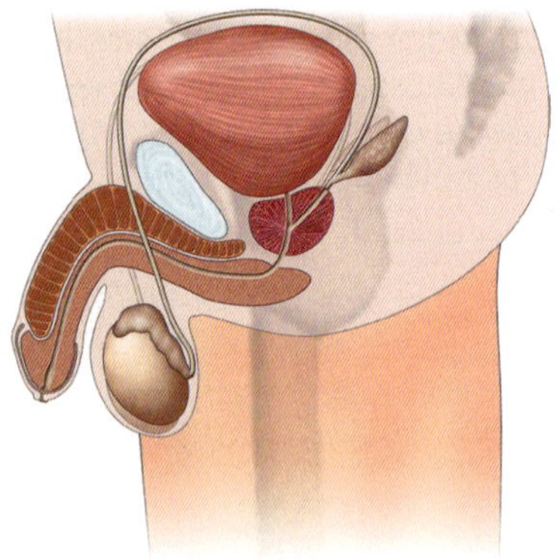

- Pene
- Uretra
- Conductos deferentes
- Vesículas seminales
- Testículos

Testículos forman Espermatozoides

forman Óvulos

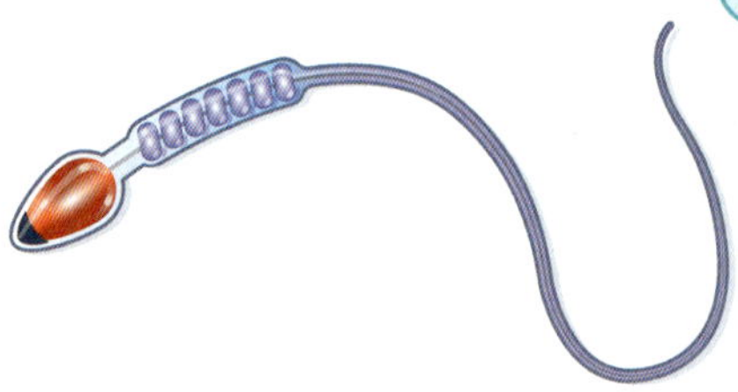

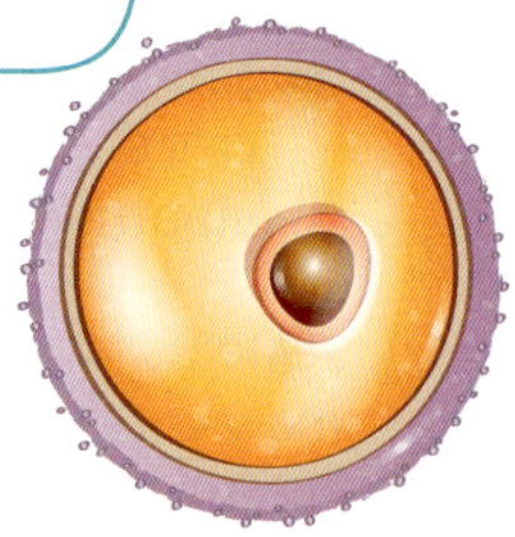

Espermatozoides y Óvulos se unen en la Fecundación

Fecundación que da lugar al

Caracteres sexuales secundarios

↑

MUJER ♀

↓

Caracteres sexuales primarios

↓

Aparato reproductor femenino

formado por

- Vulva
- Vagina
- Útero
- Trompas de Falopio
- Ovarios

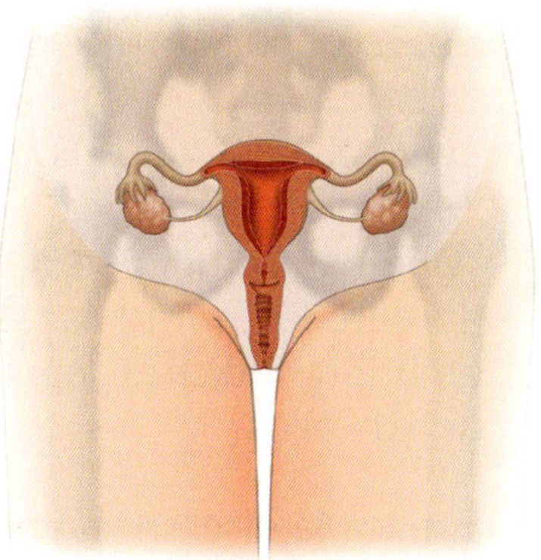

Embarazo — que termina en el → Parto

Diccionario científico

Bolsa amniótica: Cavidad llena de líquido amniótico en la que se desarrolla y está protegido el bebé antes de su nacimiento.

Cordón umbilical: Conducto que une la placenta de la madre con el vientre del feto.

Placenta: Órgano de tejido esponjoso que se desarrolla en el interior del útero en el embarazo.

16 Explica con tus propias palabras cuál es la función de los términos anteriores.

Trabaja con el esquema

17 Explica qué relación hay entre los aparatos reproductores masculino y femenino y la fecundación.

18 Copia los dibujos. Después señala las partes que forman cada uno de los aparatos reproductores.

a

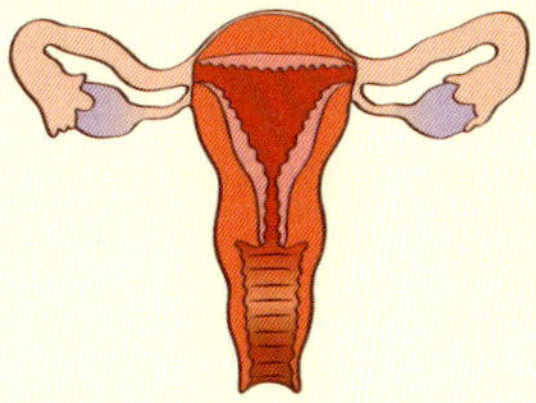

b

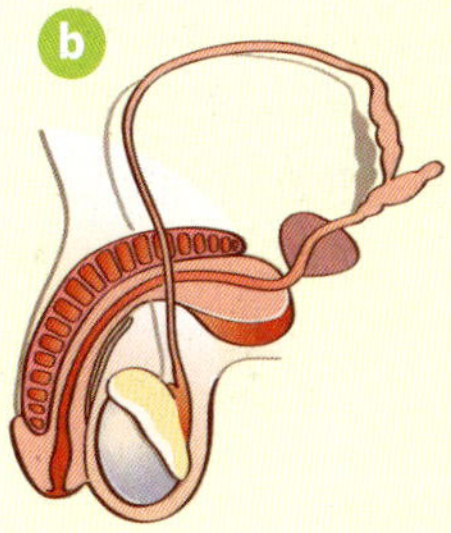

19 ¿En qué parte del esquema colocarías las siguientes palabras?

- Cordón umbilical
- Barba
- Cigoto
- Desarrollo de mamas
- Feto

Adivina adivinanza

¿De qué ser vivo se trata?
Primero anda con cuatro patas,
después anda con dos
y más tarde con tres.

Repasa la unidad

20 ¿En qué etapa de la vida se encuentran los chicos de la imagen? Describe los caracteres sexuales que los diferencian.

21 Escribe una oración con cada uno de los siguientes grupos de palabras.

- Funciones vitales y reproducción sexual
- Caracteres sexuales primarios y caracteres sexuales secundarios
- Madurez y pubertad

22 Localiza las afirmaciones falsas y escríbelas correctamente en tu cuaderno.

A. Desde el momento del nacimiento, hay millones de óvulos y espermatozoides en los ovarios y los testículos.

B. A las células reproductoras también se las denomina gametos.

C. El útero se comunica con las trompas de Falopio y la vagina.

D. Los testículos producen espermatozoides que pasan directamente a la uretra.

23 ¿Cómo se llaman estas células? Copia los dibujos en tu cuaderno y escribe el nombre de las partes señaladas.

a

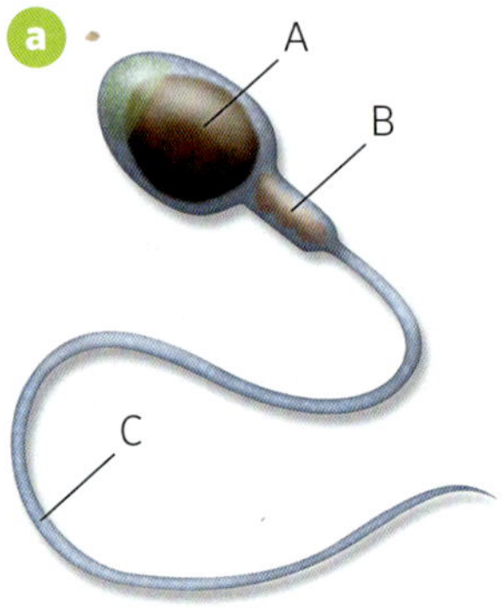

b

24 Observa la imagen y responde a las preguntas siguientes.

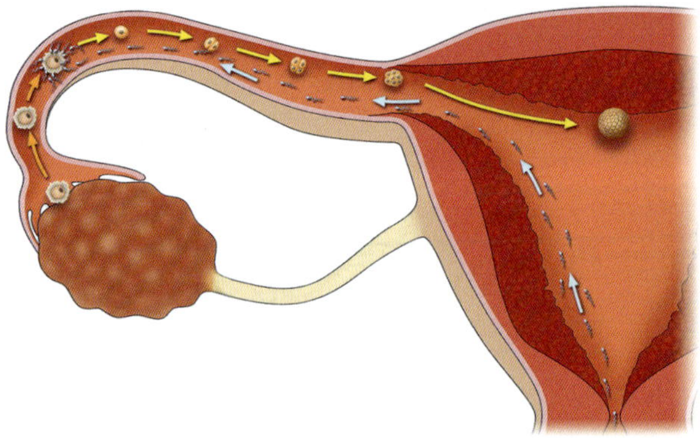

a) ¿Qué proceso aparece representado en el dibujo?

b) ¿En qué parte del aparato reproductor femenino tiene lugar la unión del óvulo y el espermatozoide?

c) ¿Qué nombre recibe el óvulo una vez que ha sido fecundado?

d) ¿En qué momento del proceso se forma el embrión?

e) ¿Qué es la implantación?

25 ¿Qué estructuras se desarrollan en la mujer durante las primeras fases del desarrollo del embrión? Indica el papel que desempeña cada uno de ellos.

26 Explica la diferencia entre cordón umbilical y placenta.

27 Ordena estas imágenes de las tres etapas del parto. Después, explica qué ocurre en cada una de ellas.

a

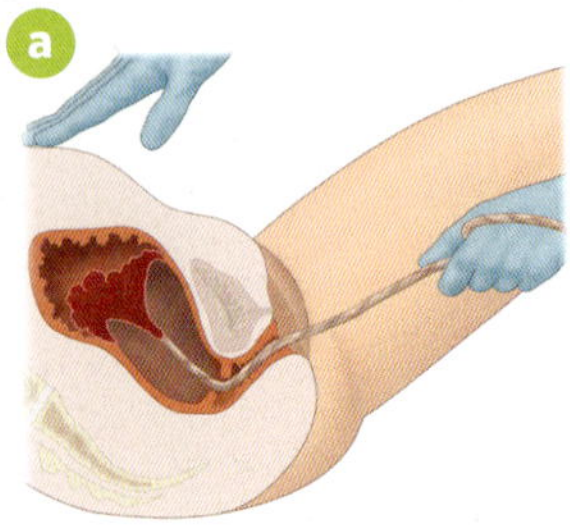

b

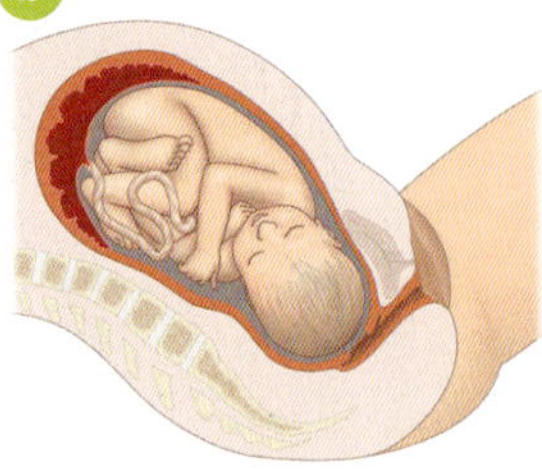

c

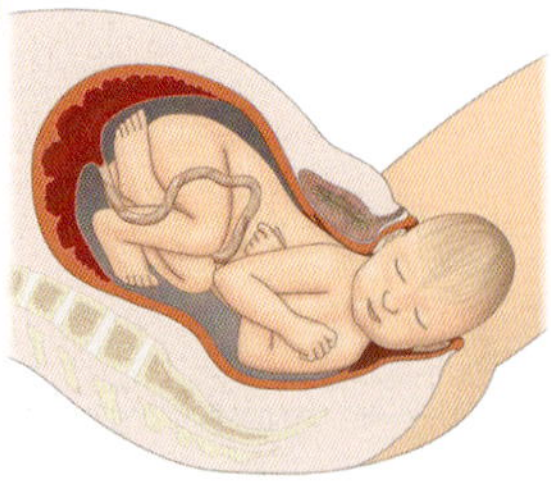

Relaciona con lo que sabes

28 Observa este gráfico sobre la aparición de los caracteres sexuales secundarios. Después, contesta a las preguntas.

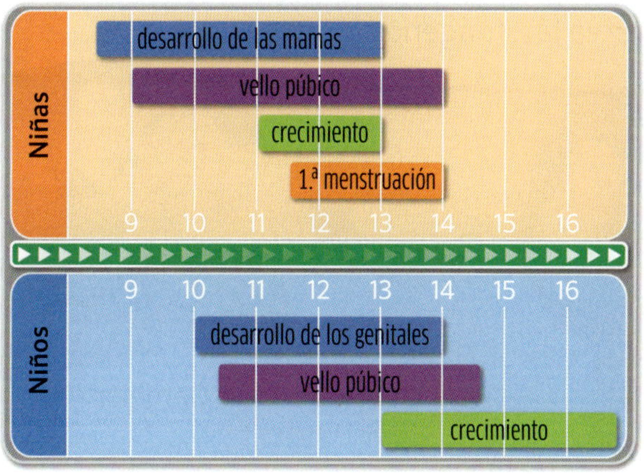

a) ¿A qué edad se da el "estirón" en las chicas? ¿Y en los chicos?

b) ¿En cuál de los dos sexos es más larga la etapa del crecimiento?

c) ¿A qué edad comienza a aparecer el vello púbico en las chicas? ¿Y en los chicos?

d) ¿A qué edad comienza la maduración de los óvulos en las chicas?

e) ¿A qué edad comienzan a desarrollarse los órganos genitales en los chicos?

29 Muchas madres acuden a centros especializados a realizarse una ecografía 3D o 4D. Observa las imágenes que se obtienen del feto con este tipo de ecografías y explica por qué crees que muchas madres eligen estas pruebas.

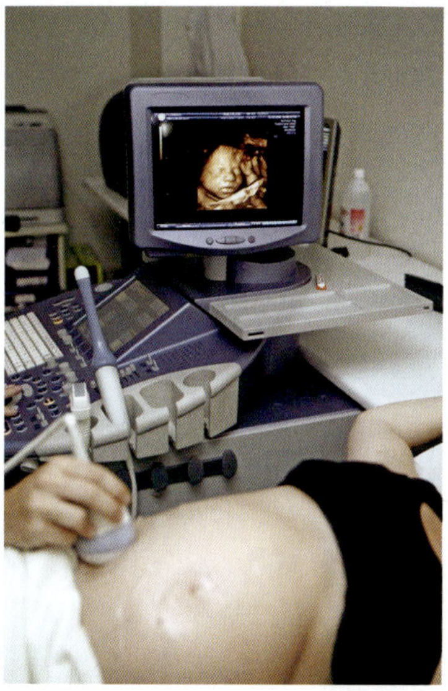

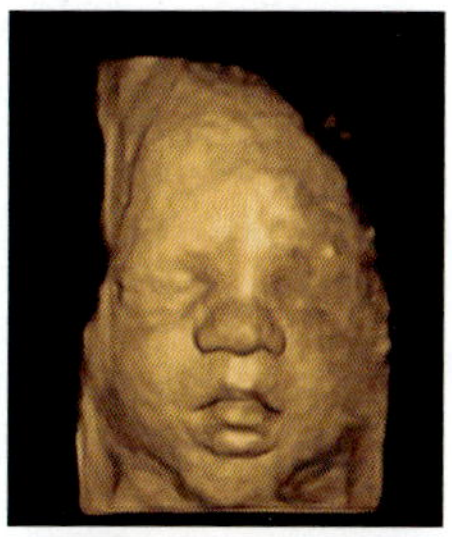

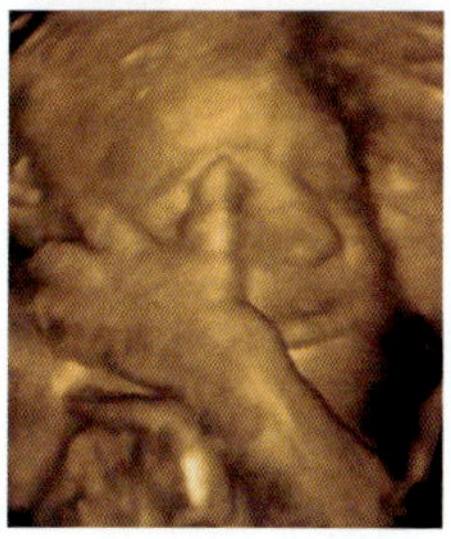

30 Observa qué ocurre en el momento de la fecundación. Después, contesta.

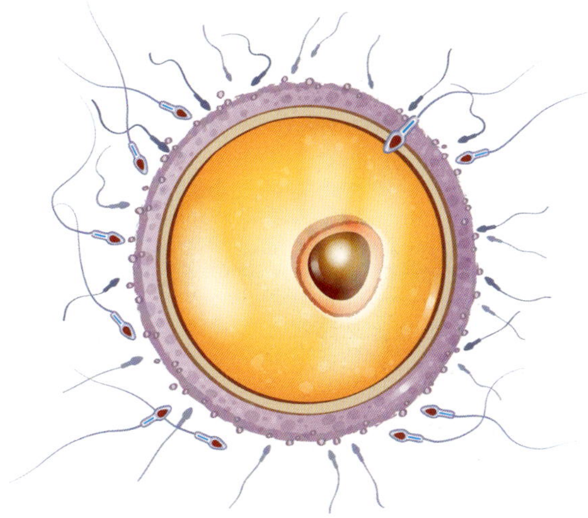

a) ¿Qué parte del espermatozoide penetra en el óvulo durante la fecundación?

b) Al ser fecundado, el óvulo forma una membrana a su alrededor. ¿Para qué crees que sirve esta membrana?

31 Desde el momento en que nace un bebé, debe pasar una serie de revisones médicas. En estas consultas, el pediatra mide y pesa al niño, y anota los datos en una tabla similar a la que aparece a continuación. Después de observar la gráfica, contesta a las preguntas.

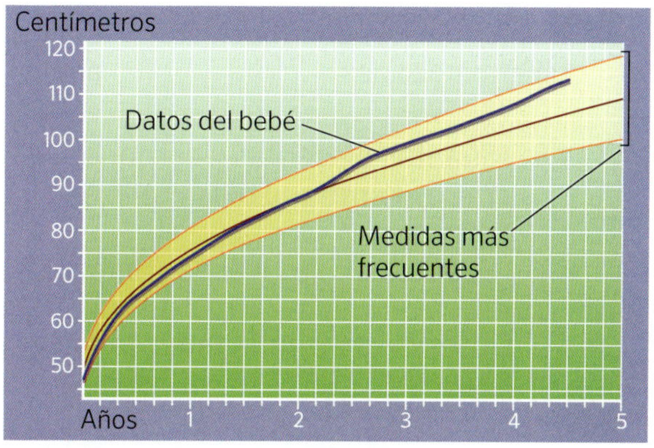

a) ¿Cuánto tiempo tenía el bebé cuando el pediatra anotó el primer dato? ¿Y cuando anotó el último?

b) Los datos de este bebé siempre están en la zona amarilla. ¿Qué crees que significa?

c) ¿Por qué crees que el pediatra anota siempre los datos y realiza la curva?

smSaviadigital.com

VALORA LO APRENDIDO Comprueba lo que sabes en la **autoevaluación**.

Ponte a prueba

Observa y deduce ▸ ¿Gemelos o mellizos?

¿Por qué algunos hermanos que nacen durante el mismo parto son como dos gotas de agua y otros no? Para averiguarlo observa las imágenes.

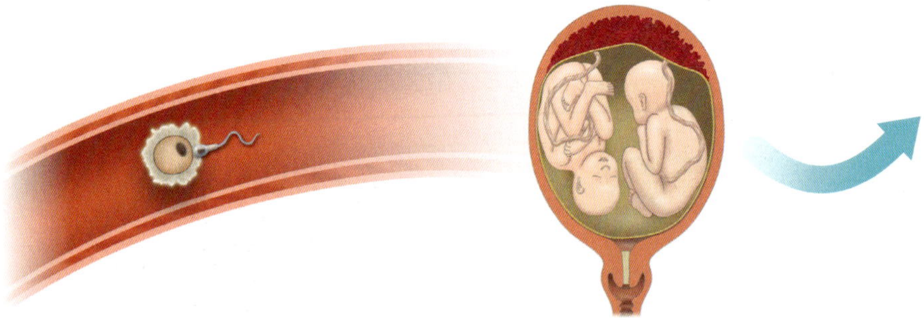

Gemelos

En este caso se produce la unión de un óvulo y un espermatozoide.

El cigoto se divide en dos y cada uno da lugar a un embrión. Los embriones se desarrollan en la misma bolsa amniótica.

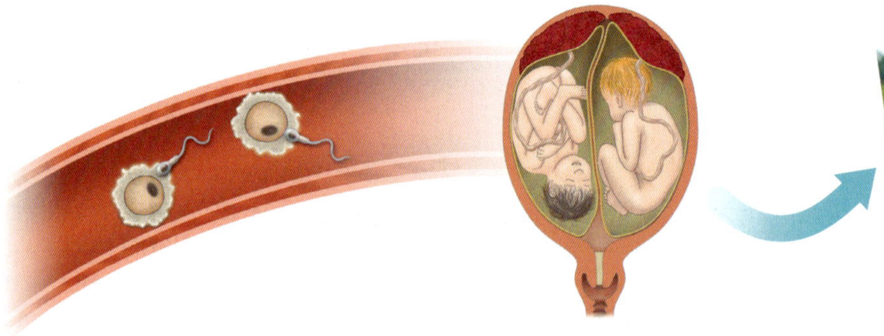

Mellizos

En este otro caso se produce la unión de dos óvulos con dos espermatozoides.

Cada cigoto da lugar a un embrión. Cada embrión se desarrolla en su propia bolsa amniótica.

1. ¿Cuántas placentas y cordones se forman en un embarazo de gemelos? ¿Y en un embarazo de mellizos?
2. ¿Cuántos óvulos y espermatazoides intervienen en cada caso?
3. Observa estas imágenes e indica cuál de ellas corresponde a gemelos. Explica en qué te has fijado.

Lee y comprende ▸ Interpreto una noticia

Una incubadora, a partir de piezas de coche

Incubadoras a 700 euros frente a los 28.000 que cuestan las de nuestros hospitales

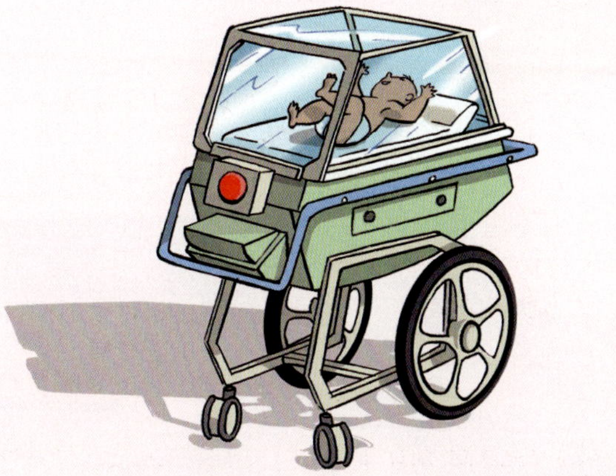

En los países más empobrecidos hay pocas incubadoras y las que hay suelen funcionar mal, o no funcionan. A menudo, estos aparatos llegan estropeados, sin manual de instrucciones y, cuando se averían, no hay recambios para arreglarlos.

Una nueva iniciativa propone fabricar incubadoras con piezas de coche: es más barato y, ante cualquier problema, un taller corriente puede arreglarlas. Los creadores de la idea consideran que su puesta en práctica podría salvar millones de vidas.

Una incubadora es un útero artificial, por tanto, debe aportar a los bebés prematuros un entorno higiénico y bien acondicionado. En la incubadora de piezas de coche, un par de faros funcionan como fuente de calor. La alarma del coche señala las emergencias. El filtro del aire y el ventilador controlan la temperatura.

En esta incubadora, el pequeño prematuro cuenta con oxígeno hasta que sus pulmones maduran y consigue captarlo del aire por sí solo. Además, representa un lugar levemente iluminado en el que el bebé puede descansar plácidamente, si sus padres no están o no pueden sostenerlo.

1. ¿Por qué motivos crees que este tipo de incubadora es una buena alternativa a las máquinas modernas de los países más desarrollados?
2. ¿Cuándo se considera que un bebé es prematuro?
3. Algunas ONG, como Médicos Sin Fronteras, envían personal sanitario a países sin recursos para curar y prevenir enfermedades. Además, enseñan a la población local cómo hacer frente a ciertas enfermedades. ¿Qué labor de las que realizan te parece más importante? Explica por qué.

Tarea final Los cuidados de los bebés

PASO 1 Por equipos, escoged uno de los siguientes temas:

a) Los cuidados que deben recibir los bebés recién nacidos.

b) La evolución durante el primer año de un bebé: cuándo empieza a percibir lo que le rodea, a gatear, a andar, a emitir sus primeros sonidos...

PASO 2 Después, planificad un trabajo de investigación. ¿De dónde vais a obtener la información? ¿Qué preguntaréis? ¿A quién?

PASO 3 Por último, plasmad los resultados en un cómic, en un mural o en una presentación de ordenador.

smSaviadigital.com

VALORA LO APRENDIDO ¿**Cómo has trabajado** en esta tarea?

unidad 4

La salud, un bien común

¡Qué importante es... el derecho a la salud!

Todas las personas del planeta tienen derecho a disfrutar de condiciones de vida saludables. Sin embargo, millones de habitantes no tienen acceso al agua potable, a una alimentación suficiente ni a la información y atención necesarias para estar sanos.

Tarea final

Al final de la unidad elaborarás un folleto informativo sobre la importancia de la prevención para estar sano.

En tus manos

Algo tan sencillo como lavarse las manos salva vidas. Por eso, UNICEF promueve, en el Día Mundial del Lavado de Manos, una solución sencilla y fundamental para reducir la mortalidad infantil.

"Una de las formas más eficaces de salvar las vidas de los niños es, simplemente, lograr que se laven las manos con jabón. Lavarse las manos antes de comer y después de defecar reduce drásticamente la propagación de la diarrea, y tiene efectos duraderos en la salud y el bienestar de los niños y sus comunidades".

SANJAY WIJESEKERA,
director de los programas mundiales de Agua,
Saneamiento e Higiene de UNICEF.

Hablamos

1. Investiga el significado de las siglas UNICEF. ¿A qué se dedica esta organización?

2. Lavarse las manos con jabón es un hábito saludable. ¿Qué otros hábitos saludables conoces?

3. Indica cuáles de los siguientes problemas solo afectan a la salud de las poblaciones más pobres del mundo.
   A. Dificultades de acceso al agua.
   B. Tomar muchos alimentos fritos y con grasas.
   C. No poder comer todos los días.
   D. Fumar y beber alcohol en exceso.

4. Nombra algunos síntomas de enfermedades que hayas padecido. ¿Cuál es el síntoma más frecuente?

5. ¿Cómo puede ayudar la investigación médica a mejorar la salud? Señala algún avance científico que haya resultado clave para que las personas estén más sanas.

6. **¿Y tú qué opinas?** En Sierra Leona, un país del continente africano, la esperanza de vida sana de una persona es de 37 años, mientras que en España es de 76 años. ¿A qué crees que se debe esta diferencia?

1 La salud y la enfermedad

Observa a estos niños. ¿Dirías que están sanos? ¿En qué te has fijado para decirlo?

¿Qué es la salud?

La **salud** es un estado de completo **bienestar físico**, **mental** y **social**. Depende del estado físico de la persona, pero también se ve afectada por sus sentimientos y emociones, y por las relaciones que tiene con los demás.

Algunos **factores** de los que depende la salud son:

- **Las características personales.** Son factores hereditarios, es decir, que se transmiten del padre y de la madre a los hijos, como la miopía. Estas características pueden evitar o favorecer el desarrollo de determinadas enfermedades.
- **El entorno que nos rodea.** La escasez de agua y de alimentos, la contaminación, la violencia, la falta de cultura o la pobreza pueden deteriorar la salud.
- **El estilo de vida.** Los hábitos saludables protegen y mejoran nuestra salud. Con ellos evitamos infecciones, prevenimos accidentes y aportamos a nuestro organismo todo lo que necesita para funcionar correctamente.
- **La atención sanitaria.** Es más fácil estar sano si el país en el que uno vive tiene un amplio sistema de protección de la salud, con centros sanitarios, hospitales y campañas de prevención y vacunación.

¿Qué es la enfermedad?

La **enfermedad** es la disminución o la pérdida de la salud.

Cuando una persona se siente enferma, percibe los **síntomas** de la enfermedad que padece, como dolor, cansancio, malestar o picor.

Algunos efectos de la enfermedad se pueden detectar o medir. Son los **signos** de la enfermedad.

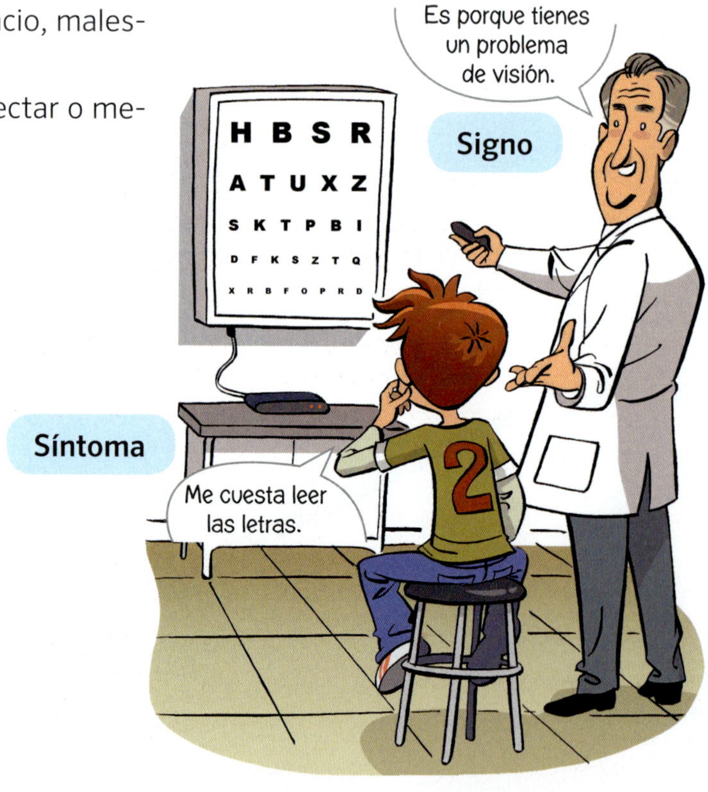

Los tipos de enfermedades

Existen distintos tipos enfermedades:

- **Enfermedades infecciosas.** Son causadas, principalmente, por agentes infecciosos que invaden nuestro cuerpo y producen daños. Estos agentes pueden ser **virus**, **bacterias**, **hongos** o **protozoos**.

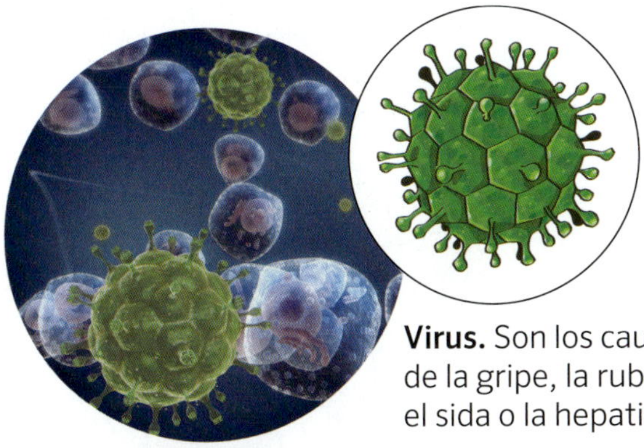

Virus. Son los causantes de la gripe, la rubeola, el sida o la hepatitis.

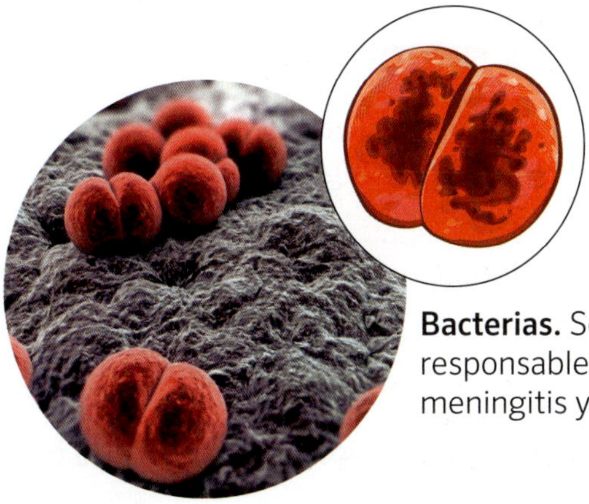

Bacterias. Son las responsables de la meningitis y el tétanos.

Hongos. Provocan el pie de atleta y algunas dermatitis.

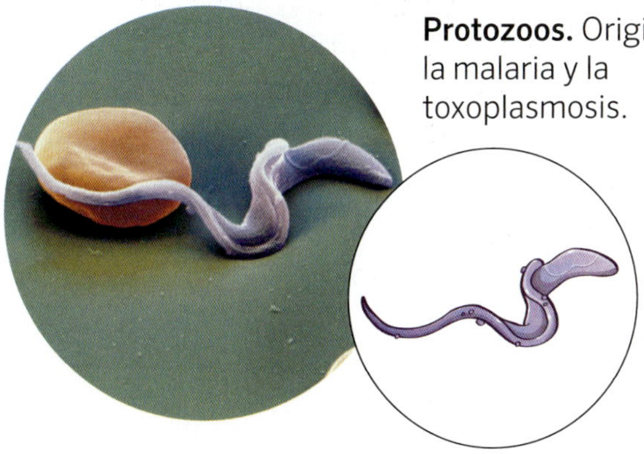

Protozoos. Originan la malaria y la toxoplasmosis.

- **Enfermedades no infecciosas.** Están causadas por un mal funcionamiento de los órganos de nuestro cuerpo, como la diabetes, originada por problemas en una glándula del aparato digestivo llamada páncreas.

  Algunas de estas enfermedades pueden afectar al comportamiento de las personas. Un ejemplo de este tipo de enfermedades es la anorexia, un trastorno que consiste en que, para estar delgado, la persona afectada no come lo necesario y acaba perdiendo la salud.

  Otro tipo de enfermedades no infecciosas son las enfermedades sociales. Se originan por la influencia del entorno en el que vivimos, como carencias económicas, de afecto, de educación o de seguridad.

- La **salud** es un estado de bienestar **físico**, **mental** y **social**, y la **enfermedad** es la carencia de salud.
- En la salud influyen las **características personales**, el **entorno**, el **estilo de vida** y la **atención sanitaria**.
- Las enfermedades pueden ser **infecciosas** y **no infecciosas**.

Actividades

1. ¿Por qué crees que tener unos hábitos saludables favorece nuestra salud?

2. smSaviadigital.com JUEGA Y APRENDE ¿Qué sabes sobre las bacterias?

Relaciona

3. Piensa en tres enfermedades que hayas padecido.
   a) ¿Cuáles eran los síntomas de cada una? ¿Qué signos tenían?
   b) ¿Eran infecciosas? ¿Cuál era el agente causante?
   c) Indica las medidas que tomaste para mejorar?

2 Una vida saludable: cómo cuidar nuestro cuerpo

¿Has escuchado el refrán "más vale prevenir que curar"? Significa que no conviene esperar a que estemos enfermos para cuidar nuestra salud.

En gran medida, tu salud depende de ti. Existen comportamientos o hábitos que ayudan a que estés sano. Estos **hábitos saludables** reducen el riesgo de accidentes y enfermedades.

Los hábitos saludables

Si incorporas **hábitos saludables** a tu vida, ayudarás a que tu cuerpo funcione mejor. Algunos hábitos saludables que seguramente conozcas son:

- **Dormir** entre ocho y diez horas diarias.
- **Comer cinco veces al día**, sin olvidar el desayuno.
- **Proteger del sol** tu piel mediante cremas solares.
- Escuchar música a un **volumen adecuado** para que no lesione tus oídos.
- Respirar **aire limpio** evitando lugares cerrados en los que haya mucho humo.

Además de los hábitos anteriores, ¿qué otros comportamientos nos ayudan a estar sanos?

¿Sabías que...?

Si cuidas tu postura, estarás más sano

Cuidar la postura cuando estamos sentados, de pie o tumbados evita daños en nuestros huesos y músculos.

Si procuras mantener una postura correcta cuando estudias o estás frente al ordenador, evitarás que tus huesos y músculos se lesionen y que te duela la espada.

La alimentación equilibrada

Una dieta equilibrada debe incluir abundante agua y muchas verduras, frutas y alimentos ricos en fibra. En cambio, conviene moderar el consumo de grasas, sal y dulces.

La higiene y la limpieza

Lavarse las manos antes de comer evita la entrada de agentes infecciosos. También la limpieza del cuerpo, de la casa y de la ropa impide el crecimiento de estos microorganismos.

La actividad física

Practicar algún deporte es fundamental para fortalecer nuestros huesos y facilitar el buen funcionamiento de todos los órganos.

Las relaciones sociales

Tener amigos y conservarlos, aceptarnos como somos y convivir con los que nos rodean nos hace sentir bien y favorece nuestra salud.

Otros hábitos para prevenir enfermedades

¿Qué hábitos saludables ayudan a estas personas a estar sanas?

Además de los hábitos saludables que ya conoces, existen otros comportamientos que nos ayudan a prevenir algunas enfermedades:

- **Las revisiones médicas y la vacunación.** El médico debe controlar nuestro estado de salud periódicamente. Para prevenir ciertas enfermedades infecciosas, como el sarampión, la varicela, la meningitis o la polio, debemos vacunarnos.

  Cuando nos ponen una vacuna, nos introducen un agente infeccioso muerto o muy debilitado. Como respuesta, nuestro organismo fabrica defensas frente a ese agente, de forma que si volvemos a entrar en contacto con él, nuestro cuerpo puede defenderse y evitar la infección.

- **Prevenir accidentes.** Muchas de las lesiones que sufrimos podrían evitarse si tomáramos las precauciones adecuadas. Por ejemplo, antes de hacer deporte debemos calentar los músculos; en la calle debemos respetar las normas de circulación, y tenemos que ser muy prudentes al utilizar herramientas cortantes o aparatos eléctricos.

- **Evitar factores de riesgo.** Otro comportamiento que beneficia nuestra salud es no ingerir sustancias tóxicas que producen graves daños en nuestro organismo, como el **alcohol**, el **tabaco** o las **drogas**.

> ▶ Los **hábitos saludables** son comportamientos que nos ayudan a mantenernos sanos.
>
> ▶ La **alimentación equilibrada**, la **actividad física**, la **higiene** y la **limpieza**, y **cultivar las relaciones sociales** son hábitos saludables.

smSaviadigital.com COMPRENDE
¿Cómo cuidamos nuestro cuerpo?

Actividades

4 Escribe cinco hábitos saludables que realices en tu vida cotidiana.

5 Reflexiona e indica cinco hábitos que debes mejorar para seguir sano. ¿Cómo te propones conseguirlo?

Relaciona

6 Pide a tus padres tu cartilla de vacunación y analízala.

a) ¿Frente a qué enfermedades estás protegido?

b) ¿Qué vacunas te tienes que poner aún? ¿A qué edad?

3 ¿Qué perjudica a nuestra salud?

Seguro que a Lucía no se le ocurriría beberse la pintura, porque sabe que le causaría graves daños en su organismo.

Entonces, ¿por qué algunas personas consumen sustancias que sabemos que provocan graves enfermedades, y que incluso pueden ocasionar la muerte?

Las drogas

Las **drogas**, como la cocaína o las anfetaminas, son sustancias químicas que influyen en la voluntad de las personas que las consumen y hacen que se vuelvan **dependientes**, es decir, que necesiten tomar esas sustancias para sentirse bien. El tabaco y el alcohol también son drogas muy dañinas para nuestra salud.

El tabaco

El **tabaco** contiene **nicotina**, un componente que provoca adicción. Por eso resulta difícil dejar de fumar.

El tabaco también contiene otros compuestos tóxicos, como el alquitrán, el arsénico y el amoniaco, que pueden provocar graves enfermedades, como el cáncer.

El humo del tabaco daña tanto a los fumadores activos como a los pasivos, es decir, a las personas no fumadoras que respiran el humo del tabaco de los fumadores.

Otros efectos negativos del tabaco son el envejecimiento de la piel y el mal aliento. Además, hace que los dientes se amarilleen.

El alcohol

El **alcohol** es la droga más consumida en el mundo y también provoca adicción.

Tomar grandes cantidades en poco tiempo produce intoxicación etílica e incluso la muerte. Además, la mitad de los accidentes de tráfico están provocados por el consumo de alcohol.

Los efectos perjudiciales del alcohol son mayores en los más jóvenes, porque están creciendo, y pequeñas cantidades producen en su cuerpo grandes daños.

Sin embargo, hoy día el consumo de bebidas alcohólicas está aumentando entre muchos adolescentes, que a menudo tienen poca conciencia de lo peligroso que es.

El abuso de las nuevas tecnologías

La **tecnología**, como internet, las redes sociales, los móviles, las videoconsolas..., utilizada con moderación puede divertirnos, facilitar las relaciones entre las personas y el acceso a la información. Sin embargo, es común que, por **falta de autocontrol**, su uso provoque adicción y se transforme en una dependencia.

Invertir demasiado tiempo en ello supone, a menudo, aislarse de la familia y del contacto con otras personas, disminuir la actividad física y obsesionarse por mantener un contacto continuo con un círculo cerrado de amigos.

Efecto de las adicciones sobre el organismo

Algunas **drogas**, como la **cocaína** o la **heroína**, llegan a la sangre y son llevadas a distintas partes del cuerpo. Atacan al **cerebro** y perjudican a la persona, a su familia y a sus relaciones personales, hasta tal punto que muchas veces el individuo es incapaz de estudiar o trabajar.

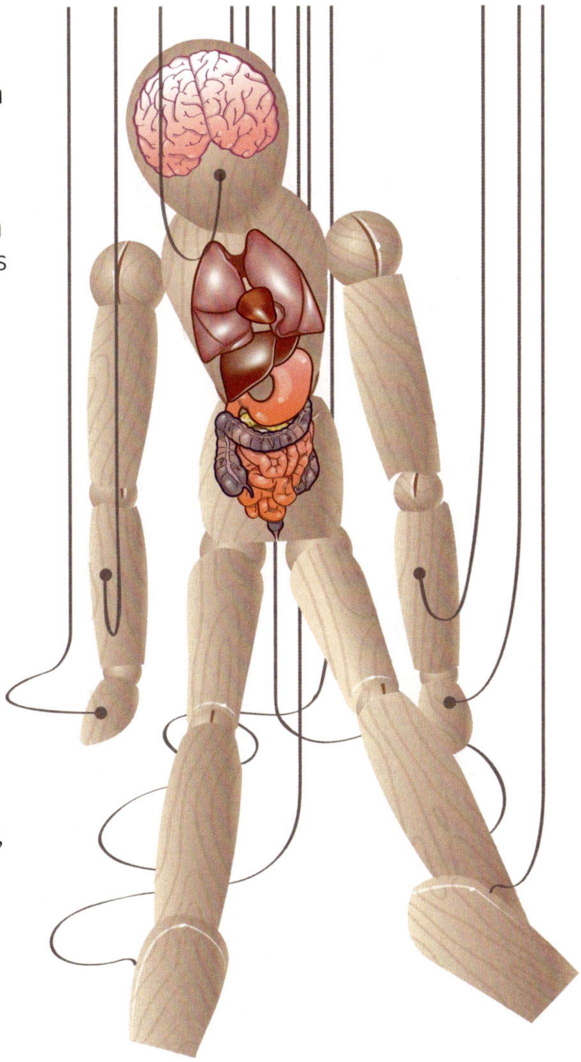

Al fumar, la **nicotina** pasa a la sangre y provoca la aceleración del ritmo cardíaco y la falta de oxígeno.

El tabaco contiene sustancias que pueden provocar cáncer de **pulmón** y enfermedades del **corazón**.

El **alcohol** llega al estómago y de este, al intestino delgado. Allí se absorbe y pasa a la sangre, que lo transporta a todos los órganos.

A su paso, el alcohol va dañando al **estómago**, al **cerebro** y, sobre todo, al **hígado**.

Invertir demasiado tiempo en las **tecnologías** supone aislarse de las **relaciones** con la familia y del contacto directo con los amigos, así como disminuir la actividad física.

smSaviadigital.com
COMPRENDE Comprueba cómo afectan las adicciones al organismo.

Las **drogas**, como el **tabaco** y el **alcohol**, y la **adicción a las nuevas tecnologías** perjudican a nuestra salud.

Actividades

7 ¿Qué significa que una persona se ha vuelto adicta a una sustancia?

8 Escribe tres razones que darías a un fumador para que abandonase ese hábito.

9 ¿Qué problemas puede generar la adicción a las tecnologías?
   A. Facilitar el acceso a la información.
   B. Aislarnos de amigos y familiares.
   C. Disminuir la actividad física.

Relaciona

10 Explica la siguiente afirmación.
En los países desarrollados el primer factor de riesgo que puede producir enfermedades es el tabaco, y el segundo es el alcohol.

11 Si una persona fuma y bebe alcohol, ¿crees que el riesgo de que sufra alguna enfermedad aumenta o disminuye? Piensa y explica por qué.

4 Los primeros auxilios

Imagina que te has quemado la mano con una olla caliente. ¿Qué harías primero, ir al centro de salud o poner la mano debajo del grifo de agua fría?

Aunque seamos cuidadosos, a veces sufrimos accidentes. Por eso debemos saber qué hacer ante los accidentes más comunes que pueden suceder en casa, en la calle o en el colegio.

Este cartel recoge algunas **actuaciones básicas** frente a los **accidentes leves** más frecuentes. Sirven para aliviar el dolor en cada caso y evitar que el daño producido sea mayor. Si los accidentes son graves, debemos acudir al centro de salud.

Heridas leves

1. Lavarse las manos con agua y jabón.
2. Lavar la herida con abundante agua.
3. Limpiar la herida quitando la suciedad desde el centro de la herida hacia fuera.
4. Cubrir la herida con una tirita o una gasa estéril.

Quemaduras leves

1. Poner la zona afectada debajo del grifo con agua fría durante unos diez minutos.
2. Tapar la zona quemada con una gasa estéril.
3. En caso de quemadura solar, se puede aplicar crema hidratante.

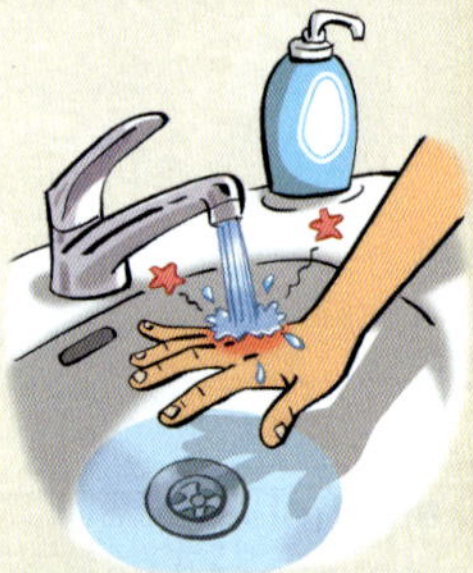

Golpes y torceduras

1. Aplicar frío en la zona dañada.
2. Levantar la extremidad afectada.
3. No mover la articulación afectada.

Picaduras de insectos

1. Extraer el aguijón con unas pinzas, siempre que se pueda llegar a él.
2. Limpiar la herida con agua y jabón.
3. Aplicar frío, amoniaco o un producto antipicaduras.

Insolación

1. Colocar a la persona en un lugar fresco en posición medio incorporada.
2. Aflojar la ropa que oprime.
3. Refrescar con agua fría la cara y la cabeza.
4. Darle a beber agua o una bebida isotónica.

Pérdida del conocimiento

1. Llevar a la persona afectada a un lugar con aire limpio.
2. Aflojar la ropa que oprime.
3. Tumbar a la persona con las piernas elevadas.

Taller de ciencias

Practica cómo hacer un vendaje

A veces, al tropezar o caernos, nos torcemos la muñeca o el tobillo. Si es grave, debemos ir inmediatamente al servicio de urgencias. Si es leve, podemos vendar la zona afectada antes de ir al médico.

Para un número de pie entre el 35 y el 39, el vendaje del tobillo requiere una venda de 5 a 6 centímetros de ancho. Para la muñeca, la venda puede ser un poco más estrecha.

Practica paso a paso vendando la muñeca o el tobillo de tu compañero y, después, intercambiad los papeles.

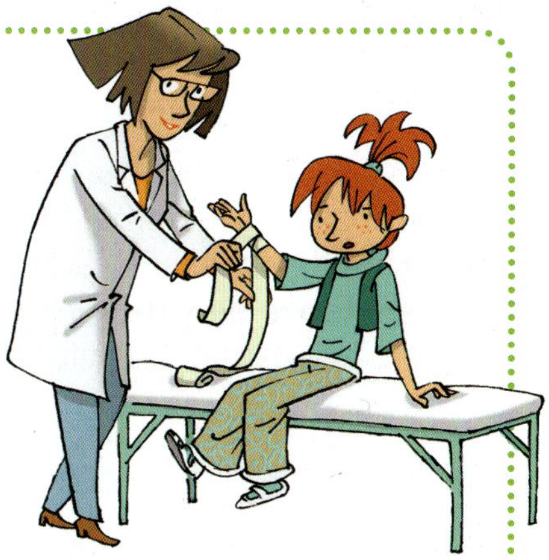

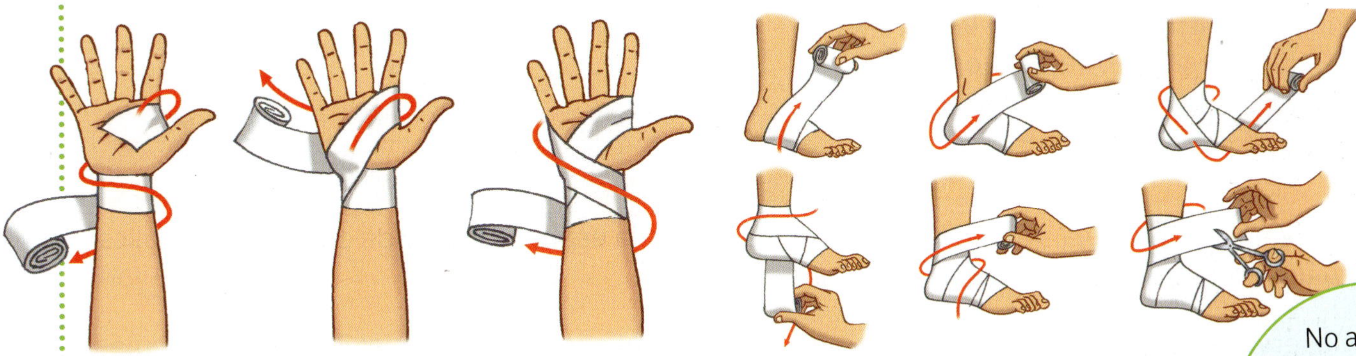

Vendaje de muñeca.

Vendaje de tobillo.

No aprietes demasiado, pero tampoco dejes la venda muy floja porque no serviría de nada.

12 Antes de poner el vendaje, ¿qué actuaciones de primeros auxilios deberías realizar?

13 ¿Qué crees que ocurriría si el vendaje estuviera demasiado apretado? ¿A qué órganos afectaría?

Los **primeros auxilios** son actuaciones sencillas que se realizan después de un accidente para aliviar el dolor y evitar que se agrave el daño producido.

Actividades

14 smSaviadigital.com JUEGA Y APRENDE
Aprende nociones básicas de primeros auxilios mediante este juego.

15 Escribe tres precauciones que debes tomar para evitar accidentes cuando vas en bicicleta o con patines.

16 ¿Cómo ayudarías a un amigo que, al caerse al suelo, se ha raspado la rodilla y además, se ha hecho daño en la muñeca?

Relaciona

17 ¿Qué accidentes leves recuerdas haber sufrido? Explica qué hiciste cuando ocurrieron. ¿Actuaste correctamente? ¿Qué harías ahora?

18 En ocasiones, si el accidente es grave, los primeros auxilios no son suficientes. Investiga. ¿A qué número de teléfono debemos llamar si hay una emergencia?

5 Avances de la ciencia que mejoran la salud

Taller de ciencias

Interpreta gráficos

Este gráfico representa la evolución de la esperanza de vida en España a lo largo de un siglo, desde el año 1900 hasta el 2000. La esperanza de vida son los años que, en general, se espera que viva una persona.

Para interpretar el gráfico de forma general nos fijamos en la inclinación de la curva.

Para extraer información más detallada, elegimos un año en el eje horizontal, trazamos una vertical hasta que corte la curva y, desde ahí, trazamos otra horizontal que llegue hasta el eje de la esperanza de vida.

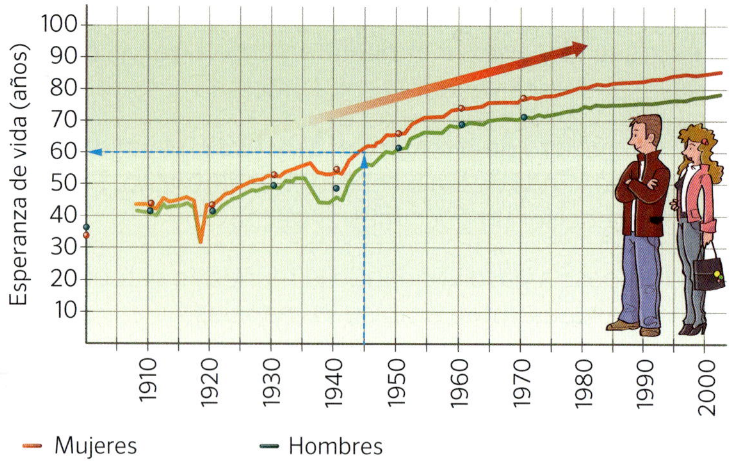

19 Fíjate en la flecha roja. ¿Cómo ha sido la evolución de la esperanza de vida en España? Explica cuáles crees que han podido se las causas.

20 Observa el gráfico. ¿Cuál era la esperanza de vida en el año 1900? ¿Y en el 2000? Indica quiénes tienen hoy día una esperanza de vida mayor, los hombres o las mujeres.

Avances en la alimentación

Los avances en la higiene de los alimentos y del agua han sido decisivos para que las personas estemos más sanas y para que nuestra esperanza de vida sea cada vez mayor.

- **Los alimentos.** Para evitar que los alimentos se estropeen y que, al consumirlos, puedan causarnos daño, se utilizan distintas técnicas de conservación. Algunas son antiguas, como la **salazón** y la **conservación en vinagre**, y otras son más recientes, como la **ultracongelación**, el **envasado al vacío** y el uso de **aditivos conservantes**.

  Además, las etiquetas de los alimentos envasados nos informan de su composición, de la fecha de consumo preferente y, en su caso, de la fecha de caducidad.

  La **fecha de consumo preferente** indica que, si se rebasa esa fecha, el alimento perderá su calidad original, es decir, que puede sufrir cambios de olor, de sabor o de aspecto.

  La **fecha de caducidad** indica que si comemos los alimentos rebasada esa fecha, podrían causar daños a nuestra salud.

- **El agua potable.** El agua que llega hasta nuestras casas ha sido sometida a un largo proceso para que podamos beberla sin riesgo de contraer enfermedades. Este proceso consta de distintas fases y se llama **potabilización**.

La potabilización del agua

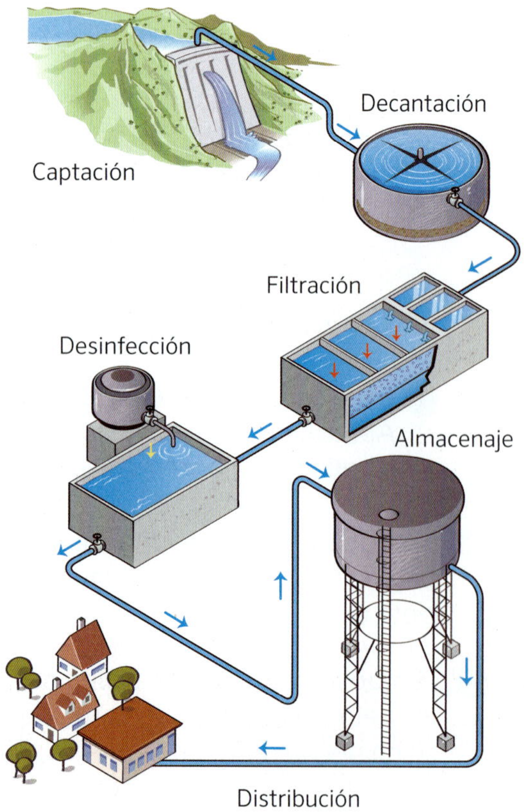

Avances en la medicina

¿Te imaginas que tuvieras una infección y no existieran los antibióticos para poder curarte? ¿O que te tuvieran que operar de apendicitis y no existiera la anestesia?

Los avances médicos son otro de los factores que han permitido que la esperanza de vida de las personas aumente.

Gracias a estos avances se pueden **prevenir** numerosas enfermedades, **diagnosticarlas** de manera temprana y **tratarlas** con eficacia.

¿Sabías que...?

Los antibióticos no curan las enfermedades víricas

Los antibióticos no afectan a los virus. Cuando padecemos una enfermedad vírica, lo recomendable es tomar medicamentos que alivien los síntomas, como el dolor de cabeza o la fiebre, y descansar para que el organismo la supere por sí mismo.

Vacunas

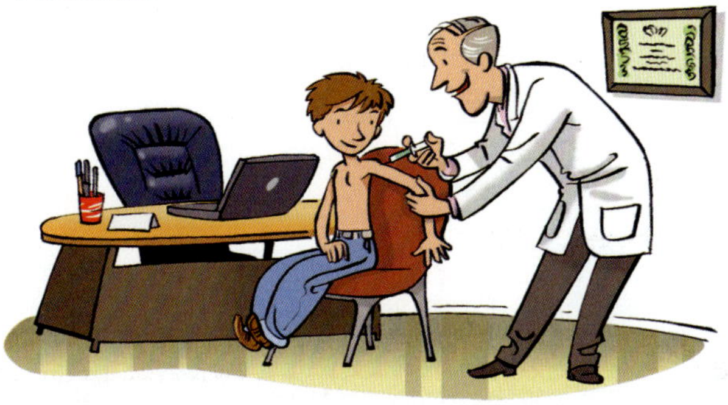

Las vacunas han permitido **erradicar** graves enfermedades, como la viruela. Además, ayudan a **prevenir** numerosas enfermedades infecciosas, como la gripe, la varicela y el sarampión.

Técnicas diagnósticas

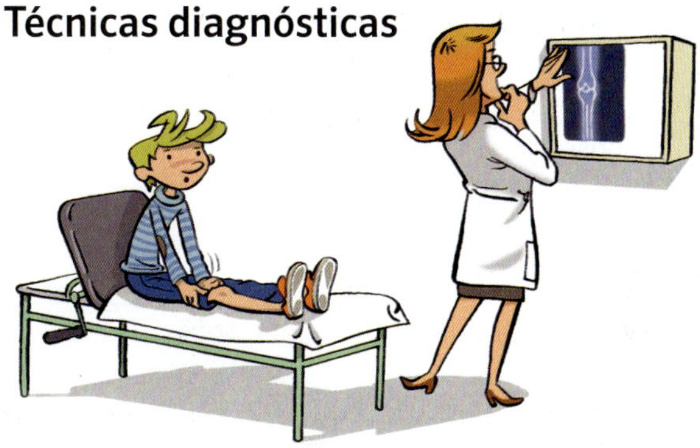

Técnicas como los **análisis clínicos** permiten diagnosticar antes las enfermedades. Algunas, como las **radiografías**, las **ecografías** y los **escáneres**, ofrecen imágenes del interior del organismo.

Medicinas

Los **antibióticos**, como la penicilina descubierta por Alexander Fleming, y los **antitérmicos** para bajar la fiebre han ayudado a curar o a aliviar los síntomas de muchas enfermedades.

Técnicas quirúrgicas

La **anestesia** y nuevas técnicas, como la **cirugía con láser**, los **trasplantes** o los **implantes**, han supuesto un gran avance en el tratamiento de algunas enfermedades.

- La **esperanza de vida** ha aumentado en los últimos años.
- Los **avances** técnicos y científicos han contribuido a mejorar nuestra **salud**.

Actividades

21 smSaviadigital.com
OBSERVA Y APRENDE
La potabilización.

Organiza tus ideas

LA SALUD

- depende de
  - Entorno
  - Estilo de vida
- se conserva gracias a
  - **HÁBITOS SALUDABLES** como
    - Alimentación equilibrada
    - Actividad física
    - Higiene y limpieza
    - Relaciones sociales

- se ve afectada por
  - **ENFERMEDADES** que pueden ser
    - Infecciosas
    - No infecciosas
  - **FACTORES DE RIESGO** que son
    - Drogas como
    - Abuso de las tecnologías
  - **ACCIDENTES** atendidos mediante
    - Primeros auxilios

Características personales

Acceso a asistencia sanitaria

Revisiones médicas y vacunación

Prevención de accidentes

Evitar factores de riesgo

Tabaco

Alcohol

Diccionario científico

Adicción: Dependencia de una sustancia o actividad causada por la aparente satisfacción que origina su consumo o su realización.

Hábitos saludables: Costumbres que conservan y mejoran la salud de una persona.

22 Construye una oración con cada uno de los términos de esta sección.

Trabaja con el esquema

23 Observa el esquema y escribe un resumen sobre los factores que influyen en la salud.

24 Elige uno de los hábitos saludables del esquema y explica cómo benefician a nuestra salud.

25 ¿Dónde incluirías en el esquema las siguientes palabras?

a) Virus

b) Bacterias

c) Hongos

d) Protozoos

26 Añade en el esquema cómo afectan a la salud los avances científicos.

Adivina adivinanza

Me cuelo en células sanas
aprovechando su distracción.
Pero siempre pueden conmigo...
¡Las vacunas son mi perdición!

Repasa la unidad

27 Escribe y explica cinco características que pueden definir a una persona sana.

28 Entre los factores que afectan a la salud, ¿hay alguno que dependa de ti? Explícalo.

29 ¿Con cuál o cuáles de las siguientes oraciones no estás de acuerdo? Razona por qué.

A. Cuando sea mayor comeré de forma equilibrada. Ahora como todo lo que me apetece.

B. No hago deporte, porque así evito lesiones y accidentes.

C. Duermo solo seis horas al día para tener más tiempo y hacer muchas cosas.

30 Copia este esquema en tu cuaderno y relaciona cada una de las sustancias con los órganos a los que beneficia o perjudica.

Fibra
Alcohol
Sal
Grasas
Agua
Tabaco
Frutas

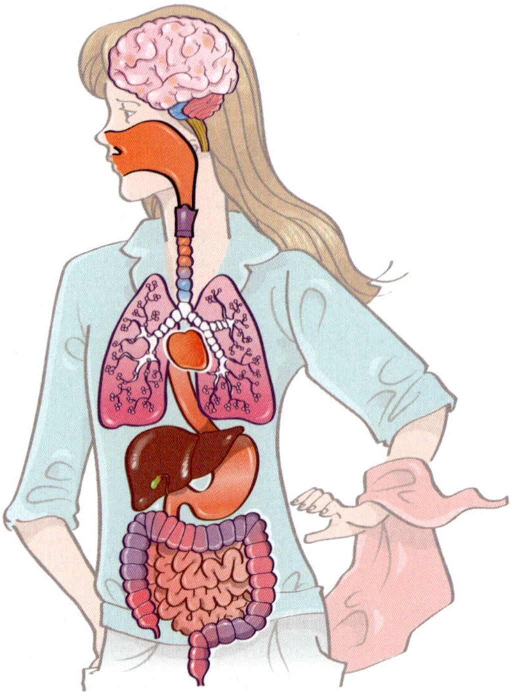

31 Adivina adivinanza.

Como un lápiz, soy delgado
y te doy mucha información.
Si me consultas y estás malo,
quédate en tu habitación.

32 ¿Qué son los fumadores pasivos? ¿Qué puedes hacer para evitar serlo?

33 Explica en qué consiste la cartilla de vacunación.

34 ¿Qué harías para ayudar a un compañero que tiene síntomas de sufrir una insolación?

35 Lee los consejos que están intercambiando los compañeros de la imagen.

- Mastica bien los alimentos.
- Lava las frutas y las verduras antes de cocinarlas y consumirlas.
- Usa con prudencia los aparatos eléctricos.
- Evita comer muchas chucherías.
- Al exponerte al sol, usa crema solar.
- Visita al dentista una vez al año.
- Usa las escaleras y no el ascensor.
- Mastica bien los alimentos.
- Queda con los amigos en lugar de jugar todo el tiempo solo a la consola.
- No tomes bebidas alcohólicas.
- Calienta los músculos antes de hacer deporte.

a) Clasifica los consejos según estén relacionados con la alimentación, la higiene, la actividad física, las relaciones sociales o la prevención de riesgos.

b) Diseña un cartel con un lema que invite a las personas a cuidar su salud.

36 Observa esta imagen. ¿Qué le está ocurriendo a Luis? ¿Crees que daña su salud? Explica por qué.

Relaciona con lo que sabes

37 Alika nos cuenta cómo es la vida en su país.

Hola, me llamo Alika.

Vivo en un poblado de África en el que no disponemos de agua. Tengo que recorrer cada día seis kilómetros para recoger agua de un pozo.

El médico viene al pueblo solo una vez al mes y no tenemos medicinas.

a) Escribe cinco hábitos saludables que Alika no puede incorporar a su vida cotidiana.

b) ¿Qué problemas del entorno de Alika pueden afectar a su salud?

c) ¿Crees que la atención sanitaria que recibe Alika es suficiente para mantener su salud? Explica por qué.

d) ¿Qué soluciones piensas que podrían tomarse para resolver la situación de Alika?

38 Busca información sobre el tipo de agente infeccioso que provoca estas enfermedades. Copia y completa la tabla en tu cuaderno marcando las casillas adecuadas.

Enfermedad	Bacterias	Virus
Tétanos	●●●	●●●
Difteria	●●●	●●●
Tuberculosis	●●●	●●●
Gripe	●●●	●●●
Rabia	●●●	
Sida	●●●	●●●
Varicela	●●●	●●●
Paperas	●●●	●●●

39 Estos son algunos informes sobre casos que se han atendido durante el último día en un centro de urgencias.

1

Centro de salud Rosalía de Castro

INFORME DE URGENCIAS

Niño de 11 años de edad. Presenta una quemadura en la mano por la manipulación de aceite muy caliente.
No reviste gravedad.
Seguir protocolo habitual.

2

Centro de salud Rosalía de Castro

INFORME DE URGENCIAS

Joven de 19 años de edad con intoxicación etílica. Sus compañeros informan de que ha bebido grandes cantidades de alcohol en la última hora.
Requiere observación.

3

Centro de salud Rosalía de Castro

INFORME DE URGENCIAS

Mujer de 25 años de edad. Se presenta con una mano hinchada por la picadura de dos abejas al intentar manipular una colmena.

4

Centro de salud Rosalía de Castro

INFORME DE URGENCIAS

Niña de 10 años de edad con esguince de tobillo. Saltó desde un muro de dos metros de altura y al caerse, se torció el tobillo.
Seguir protocolo habitual.

a) ¿Qué accidentes crees que podrían haberse evitado?

b) ¿Qué consejo darías para evitarlos?

c) Con lo que ya conoces sobre primeros auxilios, ¿cómo ayudarías a aliviar el dolor de los pacientes 1, 3 y 4 antes de que vayan al médico?

smSaviadigital.com

VALORA LO APRENDIDO Comprueba lo que sabes en la **autoevaluación**.

Ponte a prueba

Realiza una encuesta ▸ ¿Cuidas tu salud?

Las encuestas ayudan a conocer los hábitos de las personas que nos rodean.

PREGUNTAS	SÍ	NO	A VECES
1. ¿Tomas en el desayuno varios tipos de alimentos?	●●●	●●●	●●●
2. ¿Haces cinco comidas al día?	●●●	●●●	●●●
3. ¿Tomas legumbres, frutas o verduras al menos tres veces al día?	●●●	●●●	●●●
4. ¿Evitas la bollería industrial y la comida rápida?	●●●	●●●	●●●
5. ¿Bebes al menos un litro y medio diario de agua?	●●●	●●●	●●●
6. ¿Evitas las frituras y las grasas?	●●●	●●●	●●●
7. ¿Te lavas los dientes dos veces al día como mínimo?	●●●	●●●	●●●
8. ¿Te lavas las manos antes de comer?	●●●	●●●	●●●
9. ¿Practicas alguna actividad física al menos tres veces a la semana?	●●●	●●●	●●●
10. ¿Evitas el alcohol?	●●●	●●●	●●●
11. ¿Evitas fumar?	●●●	●●●	●●●
12. ¿Evitas invertir demasiado tiempo en ver la televisión o en internet?	●●●	●●●	●●●
13. ¿Dedicas parte de tu tiempo de ocio a reunirte con otras personas?	●●●	●●●	●●●
14. ¿Utilizas siempre el cinturón de seguridad en el coche?	●●●	●●●	●●●
15. ¿Cumples las normas de seguridad vial?	●●●	●●●	●●●
16. ¿Acudes al médico cuando es necesario y sigues sus recomendaciones?	●●●	●●●	●●●
17. ¿Evitas deportes y actividades de riesgo?	●●●	●●●	●●●
18. ¿Duermes, por lo menos, ocho horas cada noche?	●●●	●●●	●●●
PUNTOS	●●●	●●●	●●●
PUNTUACIÓN TOTAL	●●●		

1. En grupo, realizad esta encuesta a, como mínimo, cinco personas por cada grupo de edad: de 8 a 15 años, de 16 a 30 años y de 31 a 60 años.

2. Valorad cada encuesta y comunicad a los encuestados cómo son sus hábitos.

Para **puntuar**:
Sí: 2 puntos
No: 0 puntos
A veces: 1 punto

- **De 36 a 30 puntos. BIEN**: Sigues unos hábitos de vida saludables. ¡Enhorabuena! ¡Continúa así!
- **De 21 a 29 puntos. REGULAR**: Casi lo consigues. ¡Ánimo!
- **Menos de 20 puntos. DEBES MEJORAR**: ¿Qué vas a hacer para reforzar tus hábitos saludables?

3. ¿Cómo son los hábitos de las personas encuestadas? Explica por qué.

Lee y comprende ▸ El agua potable

El acceso al agua potable, un avance de la ciencia

Ecosalud - España - 21/3/2014

Hoy día, cuando vacunas, radiografías, ecografías, trasplantes de órganos, implantes artificiales y microcirugías de gran precisión forman parte de nuestra vida cotidiana, millones de personas aún no tienen acceso a agua potable.

La ONU estableció el 22 de marzo como Día Mundial del Agua para instar a sus países miembros a aplicar medidas que aseguren el acceso al agua como un derecho universal. Sin embargo, actualmente en el mundo 768 millones de personas carecen de acceso a agua potable y un millón y medio niños mueren diariamente de enfermedades debidas a esta carencia.

La brecha en la aplicación de avances científicos entre las poblaciones del mundo no la determina la alta tecnología, sino la posibilidad de abrir un grifo en lugar de recorrer kilómetros a pie para conseguir agua. ■

1. Escribe el nombre de los avances científicos que aparecen en este artículo.

2. Copia la tabla en tu cuaderno y escribe SÍ o NO según corresponda.

La ONU (Organización de las Naciones Undas) es el organismo internacional del agua.	●●●
Aproximadamente 1 de cada 10 habitantes del planeta no tiene acceso al agua potable.	●●●
La falta de agua potable favorece el desarrollo de muchas enfermedades.	●●●

3. ¿Por qué crees que ha sido necesario que la ONU estableciera el Día Mundial del Agua?

Tarea final Un tríptico informativo

Imaginad que colaboráis con una ONG integrada por médicos que trabajan en países en vías de desarrollo de África. Vais a elaborar un tríptico informativo sobre enfermedades infecciosas, su tratamiento y medidas de prevención.

PASO 1 En grupos, buscad información sobre las principales enfermedades causadas por bacterias, hongos y virus.

PASO 2 Doblad una cartulina en tres partes y escribid en cada una de ellas un resumen de la información que habéis encontrado. Poned título al tríptico, añadid imágenes e inventad un nombre para la ONG.

PASO 3 Explicad a vuestros compañeros por qué es básico disponer de información para prevenir la difusión de enfermedades.

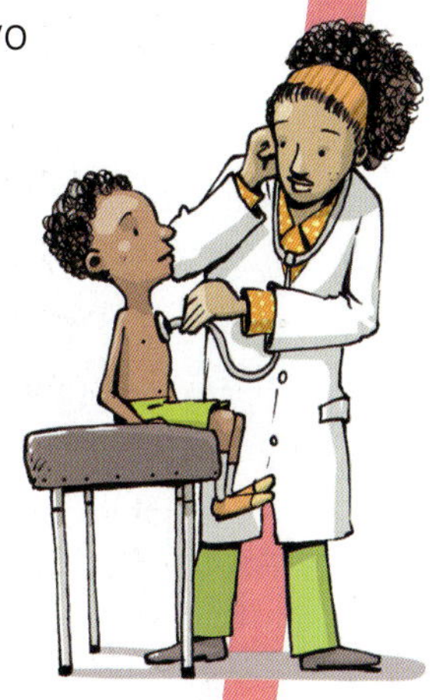

smSaviadigital.com

VALORA LO APRENDIDO ¿Cómo has trabajado en esta tarea?

Un cordón de vida

¿Cómo se llama el tejido que capta el oxígeno y los nutrientes de la sangre de la madre?

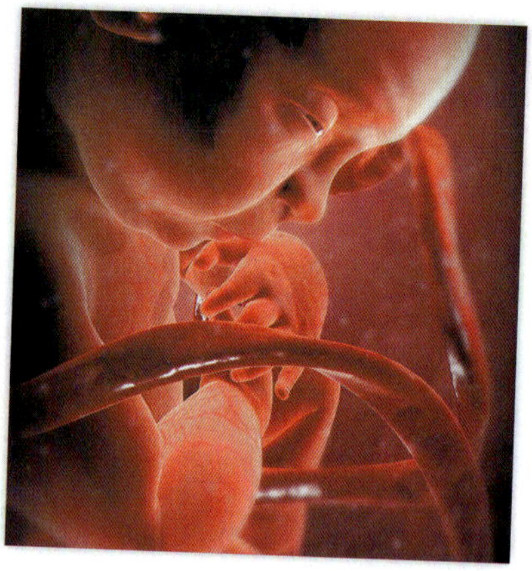

El cordón umbilical, que está formado por arterias y venas, permite el intercambio de oxígeno y sustancias nutritivas entre la madre y el feto. Pero este cordón no es solo de gran importancia durante los nueve meses de embarazo. En las últimas décadas se ha descubierto que la sangre del cordón umbilical contiene células madre, que son células especiales capaces de generar una gran variedad de tejidos celulares: piel, músculos, huesos, órganos...

Actualmente se están llevando a cabo numerosas investigaciones a partir de células madre para conseguir el tratamiento de diversas enfermedades.

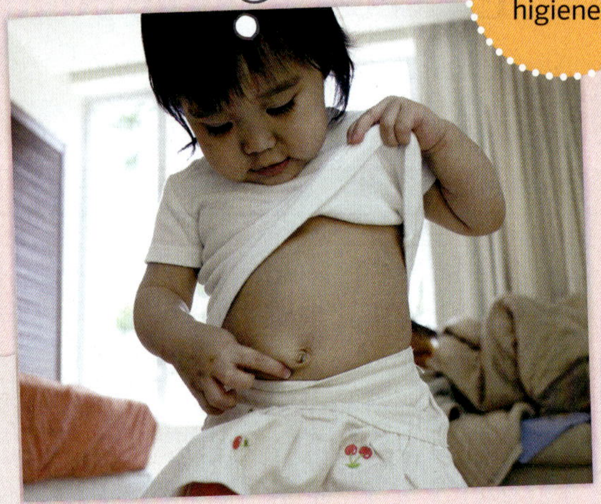

¿Por qué es importante la higiene?

Cuando nos miramos la barriga descubrimos el ombligo, la cicatriz que ha quedado donde el cordón umbilical estaba unido a nuestro cuerpo.

Un equipo de investigadores estadounidenses ha estudiado el ombligo y ha descubierto que en sus pliegues pueden vivir más de 2.000 especies diferentes de microorganismos.

¿Cuáles son las fases del parto?

¿Por qué se llama cesárea?

La cesárea es una intervención quirúrgica que se realiza cuando los médicos consideran que el parto puede entrañar riesgos para la salud de la madre o del bebé.

Existen distintas teorías acerca del origen del nombre. Una de ellas es que esta intervención se denomina cesárea porque el emperador Julio César nació gracias a una operación de cesárea en el 100 a. C.

En la antigua Roma ya se practicaban este tipo de intervenciones cuando una mujer en avanzado estado de gestación fallecía. Así, al menos, se salvaba la vida del bebé.

El primer registro que se tiene de una cesárea realizada a una mujer viva es del año 1500, en Alemania. Se cree que Jakob Nufer, al ver las dificultades que su mujer tenía para dar a luz, le practicó una cesárea. En aquella época la mortalidad era muy alta debido a hemorragias e infecciones. Hoy día es una intervención sin apenas riesgo.

Reír para estar sanos

Muchos especialistas coinciden en que reír es muy saludable.

Cuando emitimos una sonora carcajada, aumenta nuestro ritmo cardiaco, los músculos se relajan y los vasos sanguíneos se dilatan, lo que mejora la circulación de la sangre.

Al reír sentimos felicidad, relajación, confianza... y desarrollamos estados de ánimo positivos. Las emociones positivas favorecen el pensamiento creativo y las relaciones sociales, y nos ayudan a estar más sanos.

¿Qué hábitos nos ayudan a estar sanos?

¡Cómo quema el sol... en la nieve!

¿Cómo se transforman los alimentos en nutrientes?

Siempre pensamos que nuestra piel se quema con el sol del verano. Sin embargo, cuando hace frío, en zonas de montaña y con nieve se pueden producir quemaduras de tanta o más gravedad. Hay que tener en cuenta que, a mayor altitud, la protección frente a la radiación solar que nos proporciona la atmosfera disminuye, y además, al reflejarse en la nieve, la luz del sol se intensifica.

Tomar el sol durante largas horas sin protegerse hace que los daños en nuestra piel se acumulen a lo largo de la vida. Como consecuencia, la piel envejece antes, y en algunos casos, llega a desarrollar cáncer. Pero no solo hay que proteger la piel. Nuestros ojos son delicados, y los rayos solares pueden afectar a la cornea, la retina o el cristalino.

Así que, tanto en la playa como en la nieve, usa crema de protección solar y gafas con el filtro adecuado.

Compartir

La primera vacuna

¿Cómo funcionan las vacunas?

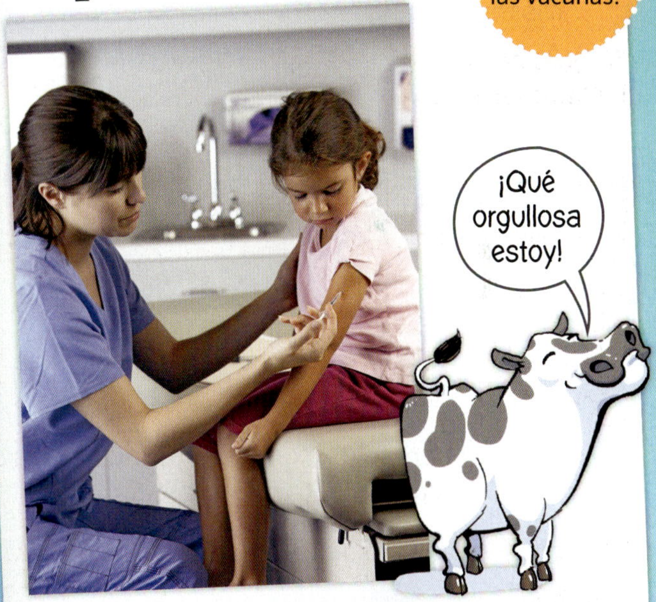

La primera vacuna fue inventada en 1796 por el médico inglés Edward Jenner.

Jenner estudiaba la viruela humana, una grave enfermedad infecciosa muy contagiosa causada por un virus. Observó que las personas quedaban protegidas frente a esa enfermedad si se les introducía en el organismo un preparado con el agente que producía la misma enfermedad en las vacas. Por esa razón, estos preparados se llaman "vacunas".

Comprueba lo que has aprendido

Test

¿Recuerdas todo lo que has aprendido durante este trimestre? Compruébalo en este test.

1. Los caracteres sexuales primarios son...

A. las diferencias físicas entre hombres y mujeres que se evidencian en la pubertad.
B. los órganos reproductores de los hombres y de las mujeres.
C. los cambios que se producen en cada sexo en las distintas etapas de la vida.
D. infancia, adolescencia y edad adulta.

2. Indica en qué parte del aparato reproductor masculino se producen los espermatozoides.

A. Pene
B. Testículos
C. Uretra
D. Vesículas seminales

3. ¿Qué nombre reciben las células reproductoras femeninas?

A. Espermatozoides
B. Testículos
C. Óvulos
D. Ovarios

4. ¿En qué parte del aparato reproductor femenino tiene lugar la fecundación?

A. Ovarios
B. Útero
C. Trompas de Falopio
D. Vagina

5. En el embarazo, el oxígeno y los nutrientes de la sangre materna llegan al feto a través de...

A. el líquido amniótico.
B. la placenta.
C. el cordón umbilical.
D. el útero.

6. ¿Qué ocurre en la fase del parto llamada alumbramiento?

A. La placenta sale al exterior.
B. Empiezan a aparecer las contracciones que empujan al feto al exterior.
C. El feto sale al exterior a través de la vagina.
D. La unión entre el útero y la vagina se dilata.

7. Señala cuál de estos hábitos no es saludable.

A. Dormir entre ocho y diez horas diarias.
B. Realizar cinco comidas al día siguiendo una dieta equilibrada.
C. Tomar el sol sin protección.
D. Realizar ejercicio físico.

8. ¿Qué causa las enfermedades infecciosas?

A. El mal funcionamiento de algún órgano
B. Una alimentación incorrecta
C. Algunos microorganismos
D. La influencia del entorno social

9. Señala la actuación básica correcta para aliviar el dolor en caso de quemaduras leves.

A. Mojar la zona con abundante agua caliente y taparla con una gasa estéril.
B. Mojar la zona con abundante agua fría y taparla con una gasa estéril.
C. Mojar la zona con abundante agua tibia y dejarla al aire para que se seque.
D. Mojar la zona con abundante agua fría y taparla con una venda elástica.

smSaviadigital.com REPASA

Una curiosa fotografía en blanco y negro

Julia está muy interesada en las ecografías que el médico le hizo a su madre cuando estaba embarazada, antes de que ella naciera.

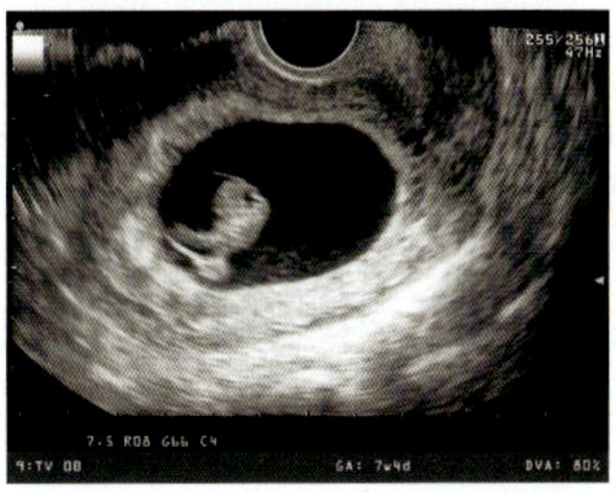

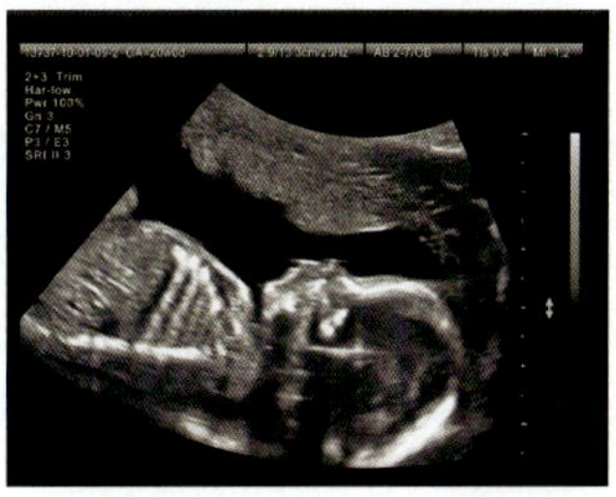

1. ¿Cuál de las dos ecografías crees que refleja una fase más temprana del embarazo? Explica por qué.
2. Haz un dibujo del aparato reproductor femenino y escribe el nombre de sus partes. ¿En cuál de ellas se desarrolla el futuro bebé?
3. Escribe el nombre del líquido que rodea al feto. ¿De qué color aparece en las ecografías? Explica cuál es su función.

La contaminación acústica

REVISTA TRIMESTRAL SOBRE LA SALUD Y EL BIENESTAR

Música y audición

La exposición a sonidos emitidos con un volumen alto perjudica a la audición.

Los expertos advierten: utilizar auriculares para escuchar música a un volumen demasiado alto puede ocasionar un deterioro de la capacidad auditiva.

El sonido produce cambios de presión en el aire que se miden en decibelios (dB). A partir 80 dB, el sonido puede resultar peligroso para nuestra salud auditiva, aunque el daño depende también del tiempo de exposición y de la cercanía a la fuente del ruido.

Algunos expertos consideran que oír música a un volumen elevado con auriculares durante 15 minutos puede equivaler a escuchar el sonido de una motosierra durante 8 horas. Las consecuencias pueden ser la pérdida de audición de un determinado tipo de sonidos, con la consiguiente dificultad para seguir una conversación y la aparición de pitidos que provienen del propio oído.

1. Indica qué consecuencias puede tener oír sonidos a un volumen alto de forma continuada.
2. ¿Oír música a un volumen elevado es un hábito saludable? Explica por qué.
3. Haz una lista con, al menos, cinco hábitos saludables que conozcas. Después, reflexiona: ¿los tienes en cuenta en tu vida diaria?

Siguiendo la Vía Láctea

PROYECTO TRIMESTRAL
Descubrimos el arte

Nos preparamos para el viaje

A la Vía Láctea también se la llama Camino de Santiago. ¿Sabes por qué? Cuenta la leyenda que los peregrinos provenientes del centro de Europa seguían las estrellas de esta constelación para llegar a la ciudad de Santiago de Compostela, donde estaba enterrado el apóstol Santiago.

En la actualidad, sigue peregrinando mucha gente a Santiago. Existen numerosos caminos para llegar a esta ciudad y hay diversas formas de recorrerlos, ya que se puede ir a pie, a caballo, en bicicleta, etc.

Las personas que quieren hacer estas rutas tienen que prepararse bien físicamente, además de tomar precauciones para que su salud no se resienta y poder disfrutar del largo viaje.

1 **Muchos artistas han representado al Camino de Santiago de distintas formas, y en sus obras han captando su estado físico y de ánimo. Observa estas esculturas.**

a) ¿Qué crees que han querido representar los autores?

b) ¿En qué te has fijado para deducirlo?

Pedrafita do Cebreiro, Lugo.

Fisterra, A Coruña.

2 **¿Alguna vez has realizado una larga caminata? ¿Qué precauciones tomaste? Comparte tus respuestas con tu grupo de trabajo.**

3 **Existen distintos rutas para peregrinar a Santiago de Compostela, como, por ejemplo, el llamado Camino francés. Todas exigen recorrer grandes distancias. Por eso es muy importante que quien vaya a iniciar un reto como ese haga antes un buen entrenamiento.**

Escribe en tu cuaderno qué características crees que debe tener ese entrenamiento para garantizar la salud de la persona que va a recorrer el Camino de Santiago.

4 **Fíjate en este peregrino de la antigüedad y en sus complementos. Todos sirven para prevenir problemas de salud durante su larga caminata.**

a) Escribe la función que tiene cada objeto y su utilidad para preservar la salud del peregrino.

b) Si tuvieras que hacer en este momento el Camino de Santiago, ¿cómo irías vestido? ¿Qué complementos llevarías? Compáralos con los que llevaban los antiguos peregrinos. Haz una lista con todo lo que incluirías en tu mochila para evitar lesiones.

CAMINO FRANCÉS

Recorrido: desde Roncesvalles (frontera entre España y Francia) hasta Santiago de Compostela.

Distancia: 755 km.

Etapas: unas 33.

unidad

5

La materia y la energía

¡Qué importante es... reciclar y reutilizar materiales!

Reciclar es transformar un material usado para que se pueda volver a utilizar como materia prima. De este modo se ahorra mucha energía. Otra forma de ahorro energético es dar un uso nuevo a los materiales en lugar de desecharlos.

Tarea final

Al final de la unidad, aprenderás a reutilizar botellas de vidrio para construir un termómetro.

La temperatura del vidrio

El más pequeño de los niños, Klas, solo tenía un año. Todavía no andaba, pero se quedaba largos ratos mirando cómo su padre soplaba el vidrio con la misma facilidad con la que un niño hace pompas de jabón. Albert daba forma a relucientes copas y brillantes bolas, pero estas duraban y no se rompían como las pompas de jabón. Colocaba las piezas en los estantes, alineadas en largas filas, y había que ver cómo resplandecían. ¡Era como un milagro!

MARÍA GRIPE: *Los hijos del vidriero.* SM

Hablamos

El vidrio se elabora mezclando arena y otras sustancias. La mezcla se introduce en un horno a unos 1.500 °C. A esta temperatura el material se funde, es decir, se convierte en líquido, pero cuando llega a los 650 °C ya se puede trabajar para darle forma.

1. Para fabricar vidrio se utiliza...
   A. plástico, rígido y transparente.
   B. una mezcla de arena y otras sustancias.
   C. arena y agua.
   D. agua y sal.

2. El vidrio es un material que, debido a sus cualidades, se comporta de forma especial ante la luz. ¿Qué quiere decir que un material es transparente?

3. Para fundir los materiales del vidrio se necesita energía. ¿De dónde se obtiene?
   A. A partir de una fermentación.
   B. A partir de una oxidación.
   C. A partir de una combustión.

4. **¿Y tú qué opinas?** El vidrio no es basura; puede ser reprocesado y servir para fabricar botellas y otros artículos. Con el reciclado del vidrio, ahorramos energía. ¿Por qué crees que es importante ahorrar energía? ¿Qué ocurriría si no lleváramos a cabo medidas de ahorro?

1 Clasificamos la materia

La **materia** forma todo lo que existe en el universo. Todo lo que nos rodea, e incluso nuestro cuerpo, está formado por materia, que tiene **masa** y **volumen**. Pero en la naturaleza, la materia no siempre se presenta en el mismo estado.

Los estados de la materia

En general, a nuestro alrededor podemos encontrar la materia en tres estados: **sólido**, **líquido** o **gaseoso**.

- La materia en **estado sólido**, como el hielo, tiene forma propia y ocupa siempre el mismo espacio, es decir, mantiene su volumen.
- La materia en **estado líquido**, como el agua, carece de forma propia, ya que adquiere la del recipiente que la contiene, pero mantiene su volumen.
- La materia en **estado gaseoso**, como el vapor de agua, no mantiene su forma, ya que se adapta a la del recipiente que la contiene, y tampoco mantiene su volumen.

Los cambios de estado

¿Qué ocurre cuando calentamos el hielo? ¿Y cuando el vapor de agua se enfría? En ambos casos, la temperatura varía hasta que llega a un punto en el que empieza a producirse un cambio de estado. Durante los **cambios de estado** la temperatura permanece constante.

Los cambios de estado son **reversibles**, es decir, la materia puede recuperar su estado inicial.

smSaviadigital.com
JUEGA Y APRENDE ¿Conoces los cambios de estado?

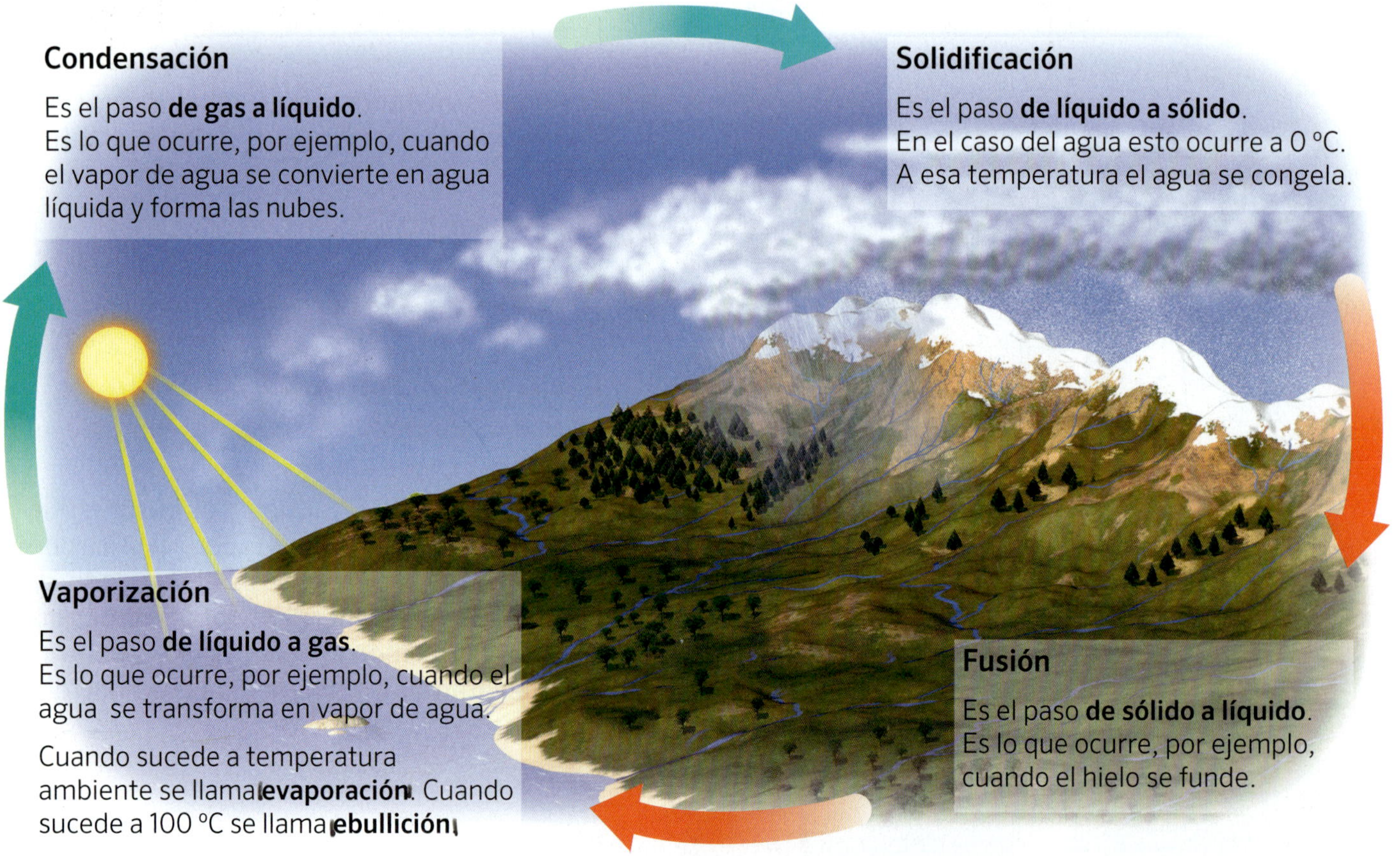

Sustancias puras y mezclas

A nuestro alrededor podemos encontrar materia formada por un solo componente, como el agua, o por varios componentes, como el aire, que está formado por diferentes gases.

Según el número de componentes, clasificamos la materia en **sustancias puras** y **mezclas**.

¿Sabías que...?

Las sustancias puras tienen DNI

Las sustancias puras tienen características que las identifican y las diferencian de las demás, como la densidad o la temperatura a la que se funden.

▶ Sustancias puras

Las **sustancias puras** están formadas por un solo componente, como el oro, el agua o la sal.

▶ Mezclas

Las **mezclas** están formadas por más de un componente. Hay distintos tipos de mezclas: **mezclas homogéneas y heterogéneas**.

▶ Mezclas homogéneas

En las **mezclas homogéneas**, como la masa del bizcocho, los componentes no se aprecian a simple vista.

▶ Mezclas heterogéneas

En las **mezclas heterogéneas**, como la macedonia,los componentes se distinguen claramente.

- La materia puede encontrarse en estado **sólido**, **líquido** o **gaseoso**.
- La materia sufre **cambios de estado**: **condensación**, **solidificación**, **fusión** y **vaporización**.
- Según sus componentes la materia puede ser una **sustancia pura** o una **mezcla**.

Actividades

1. ¿Se trata de mezclas homogéneas o heterogéneas?

a 

b 

c 

2 La separación de mezclas

El agua del mar es una mezcla homogénea formada por agua y sal. De ella se extrae la sal que utilizamos en la cocina. ¿Cómo se consigue separar el agua de la sal para que podamos usarla?

Métodos de separación de mezclas

Dependiendo de cómo sea la mezcla y de las sustancias que queremos obtener, se utilizan distintos **métodos de separación de mezclas**. Estos son los metodos más habituales:

▶ Evaporación

Se utiliza cuando la **mezcla es homogénea** y está formada por **un líquido y un sólido**, como la sal disuelta en agua.

Consiste en colocar la mezcla en un lugar seco y dejar evaporar el agua. En el fondo irán apareciendo los cristales de sal.

Este sistema se utiliza industrialmente para extraer la sal del mar en las salinas.

▶ Filtración

Se utiliza cuando tenemos una **mezcla heterogénea** formada por **un líquido y un sólido**, como agua y arena.

Consiste en colocar un papel poroso en un embudo y echar la mezcla. El líquido cae y el papel retiene el sólido.

▶ Decantación

Mediante este sistema podemos separar **mezclas heterogéneas** formadas por **dos líquidos con distinta densidad** y que no se mezclan, como por ejemplo, agua y aceite.

Al dejar reposar la mezcla, el líquido más denso queda en la parte inferior y el menos denso flota. Al abrir la llave del recipiente sale el líquido más denso. Cuando acaba de salir, cerramos la llave y así tenemos los dos líquidos separados.

▶ Destilación

Es el sistema que se utiliza para separar una **mezcla homogénea** de **dos líquidos que tienen distinta temperatura de ebullición**, por ejemplo, alcohol y agua.

Al calentar la mezcla, el componente que se evapora antes, es decir, el que tiene una temperatura de ebullición más baja, pasa a estado gaseoso. Cuando, a través de un tubo, llega una zona más fría, se condensa y vuelve a estado líquido, y se recoge en un recipiente.

Taller de ciencias

Utiliza otros métodos para separar mezclas

Además de la evaporación, la filtración, la decantación y la destilación, existen otros métodos para separar mezclas. Vamos a experimentar con ellos.

¿Cómo podemos separar una mezcla de arena y virutas de hierro? Magnetización

DIBUJO

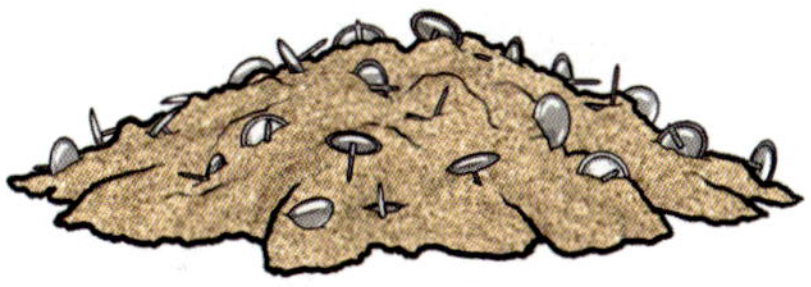

Preparamos una mezcla con arena y chinchetas o virutas de hierro.

¡Los imanes no atraen a todos los metales!

Acercamos un imán. El imán atrae solo a las chinchetas o a las virutas de hierro. Así separamos la mezcla.

¿Cómo podemos separar una mezcla de garbanzos y harina? Tamización

DIBUJO

Mezclamos unos garbanzos y harina. Colocamos un colador sobre un recipiente y echamos la mezcla.

Golpeamos el colador, y la harina, que es más fina, cae; los garbanzos se quedan en el colador.

2 Si añadimos agua a la primera mezcla, ¿cómo separarías el agua, la arena y las virutas metálicas?

3 Si en la segunda mezcla, además de la harina y los garbanzos, también tuvieras arroz, ¿cómo separarías los tres componentes de la mezcla?

Las mezclas pueden separarse por distintos métodos, como por ejemplo, por **filtración**, **decantación**, **evaporación** o **destilación**.

Actividades

4 smSaviadigital.com JUEGA Y APRENDE
¿Qué métodos de separación de mezclas utilizarías?

5 ¿Cómo separarías una mezcla de dos líquidos con distinta densidad? ¿Y una mezcla de dos líquidos con distinto punto de ebullición? Explica el proceso en cada caso.

Relaciona

6 ¿Cómo separarías una mezcla de arena y virutas de cobre? Razona tu elección.

A. Acercaría un imán.

B. Utilizaría un papel de filtro.

C. La dejaría evaporar.

D. Usaría un colador.

3 La materia sufre cambios

Cuando rompemos una piedra, esta cambia de aspecto, pero los fragmentos siguen siendo la misma piedra. Cuando quemamos una cerilla, esta también cambia, pero ¿son los dos cambios iguales?

Cambios físicos y químicos

La materia sufre cambios continuamente. Puede cambiar de **aspecto** o de **forma**, y también puede **transformarse** en otra materia distinta.

Cuando la materia solo cambia de forma o de aspecto, decimos que ha sufrido un **cambio físico**, como le ocurre a la piedra que se ha roto en varios fragmentos o al agua líquida al congelarse.

Cuando la materia se transforma en una sustancia distinta, decimos que ha sufrido un **cambio químico**, como le ocurre a una cerilla, que al arder se transforma en cenizas, humo y gases, es decir, cambia de composición. Además, cuando arde la cerilla se desprende energía en forma de luz y calor.

Reacción química

Los cambios químicos también se llaman **reacciones químicas**. En estos cambios unas sustancias, llamadas **reactivos**, se transforman en otras, llamadas **productos**. En las reacciones químicas siempre interviene la energía. Además, la cantidad de masa total no varía, es decir, la suma de la masa de los reactivos es igual a la de los productos.

Taller de ciencias

Observa una reacción química

Moja un pincel en zumo de limón y haz un dibujo. Déjalo secar hasta que el mensaje desaparezca.

Con la ayuda de un adulto, calienta el papel con una vela o con la plancha y el mensaje volverá a aparecer.

Al calentar el papel hemos aplicado energía y se ha producido una reacción química: el zumo de limón se ha transformado en otra sustancia. Por eso ha cambiado de color y podemos verlo.

7 smSaviadigital.com COMPRENDE Observa el vídeo y contesta. ¿Cuál es el reactivo en esta reacción química? ¿Y el producto? ¿Qué hemos hecho para que se produjera este cambio?

Reacciones químicas en la naturaleza

El estudio de las **reacciones químicas** ha hecho posible mejorar la producción y la conservación de los alimentos y transformar los productos naturales para obtener sustancias que están muy presentes en nuestra vida cotidiana: fibras sintéticas, plásticos, insecticidas, detergentes...

Estos son algunos tipos de reacciones químicas:

La oxidación

La **oxidación** es una reacción química que se produce cuando una sustancia se combina con el oxígeno del aire y forma una nueva sustancia, llamada **óxido**.

La corrosión de los metales o el oscurecimiento de la fruta cortada son ejemplos de oxidaciones.

La combustión

La **combustión** es una oxidación muy rápida que ocurre cuando una sustancia, llamada **combustible**, se combina con el oxígeno y arde.

En las combustiones se desprende **luz** y **calor**.

La fermentación

La **fermentación** es una reacción química que se produce en **ausencia de oxígeno** por la acción de algunos seres vivos, como las levaduras o las bacterias.

Esta reacción tiene lugar, por ejemplo, en el proceso de fabricación del pan.

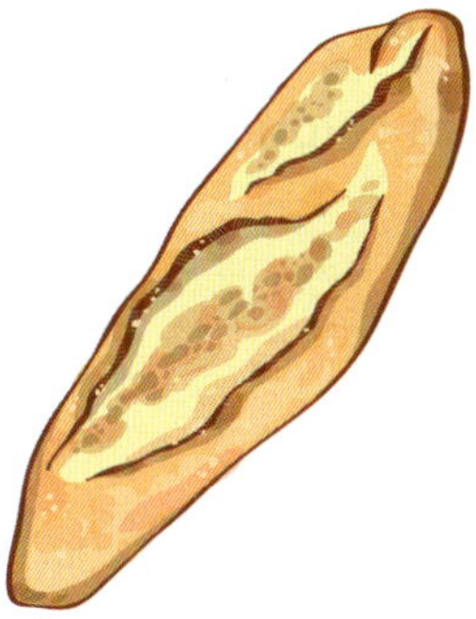

- En los **cambios químicos** las sustancias cambian su composición y se **transforman** en sustancias nuevas.
- La **oxidación**, la **combustión** y la **fermentación** son tipos de reacciones químicas.

¿Sabías que...?

El oxígeno es fundamental para que se produzca la combustión

Cuando el oxígeno se consume totalmente, la combustión se detiene.

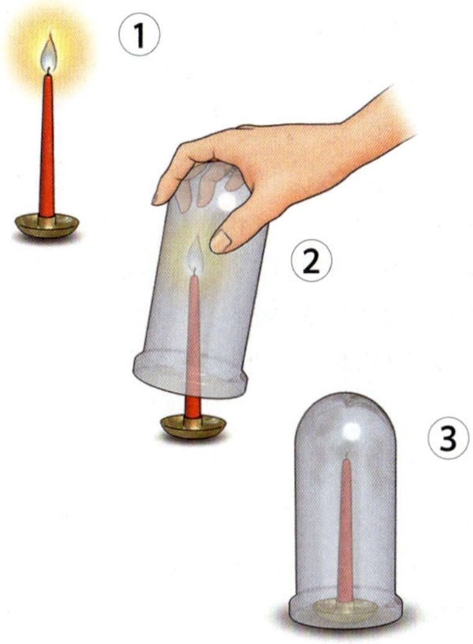

Actividades

8. Indica qué tipo de reacción química ocurre en los siguientes casos.
   a) Preparamos masa para hacer un bizcocho y echamos levadura.
   b) El trofeo de plata del salón se ha ennegrecido.
   c) La caldera de la calefacción quema gas.

9. ¿Qué reacción química ocurre cuando cortamos una manzana y se pone marrón: una oxidación, una combustión o una fermentación? Razona tu respuesta.

4 La luz y el calor son formas de energía

Cambios en el movimiento, cambios de estado o de forma de los materiales, reacciones químicas... Para que todos estos cambios sean posibles hace falta **energía**. La mayor fuente de energía para la Tierra es el sol, que nos proporciona **luz** y **calor**.

¿Qué es la luz?

La luz es una **forma de energía**, por eso produce cambios en los cuerpos. Por ejemplo, puede oscurecer nuestra piel o ser utilizada por las plantas para fabricar sus propios alimentos mediante la fotosíntesis.

Podemos ver los objetos porque emiten luz, es decir, porque son **fuentes luminosas**, o porque la reflejan. La luz que emiten las fuentes luminosas se propaga hasta que llega a un cuerpo. Estas son las características de la **propagación de la luz**:

- Se propaga en **línea recta** hasta que choca con un cuerpo.
- Viaja en **todas direcciones** desde el lugar donde se emite.
- Viaja a **gran velocidad**: recorre 300.000 kilómetros cada segundo.

La luz **blanca** del sol está compuesta por los **siete colores** del arcoíris.

¿Sabías que...?

El año luz es una unidad de medida

El **año luz** es una unidad de longitud que se usa en astronomía. Equivale a la distancia que recorre la luz en un año.

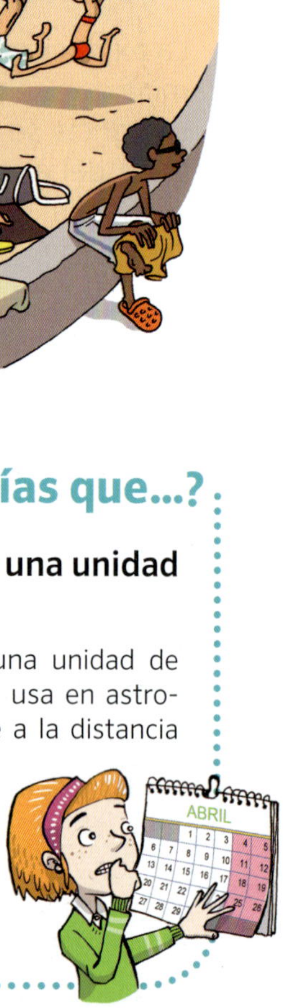

Taller de ciencias

Comprueba la composición de la luz

¿Podemos conseguir la luz blanca a partir de los siete colores del arcoíris?

Investiga. Recorta un círculo en una cartulina blanca. Divídelo en siete sectores y coloréalo como un arcoíris. Utiliza un lápiz de eje y hazlo girar rápidamente, como si fuera una peonza.

10 ¿Qué color aparece al girar? ¿Sería igual si el disco tuviera solo cuatro colores? Explica por qué.

Calor y temperatura

Cuando te encuentras mal, tus padres te tocan la frente. De esta forma tratan de averiguar si tu temperatura es más alta de lo normal, es decir, si tienes fiebre. Pero el tacto es poco fiable. Puede dar una sensación engañosa porque depende de lo que hayamos tocado antes.

La **temperatura** es una propiedad que tienen todos los cuerpos y no se mide con el tacto, sino con el **termómetro**.

¿Qué es el calor?

¿Qué ocurre si en un cazo con agua a 15 °C introducimos un huevo cocido que está a una temperatura de 80 °C?

Al principio, el huevo está a mayor temperatura que el agua.

Al final, el huevo y el agua están a la misma temperatura.

Lógicamente, el huevo se enfría y el agua se calienta. Científicamente decimos que la temperatura del huevo desciende y sube la del agua. Al cabo de un rato, el huevo y el agua tienen la misma temperatura: han alcanzado el **equilibrio térmico**.

El huevo ha perdido energía y el agua ha recibido energía. Siempre que ponemos en contacto un cuerpo caliente y un cuerpo frío, pasa energía desde el caliente al frío. Este paso de energía se llama **calor**. Por tanto, el **calor** es una forma de transferir energía entre dos cuerpos que están a diferente temperatura.

- La **luz** es una forma de energía. Se propaga en línea recta, en todas direcciones y a gran velocidad.
- El **calor** es el paso de energía entre cuerpos a distinta temperatura.

¿Sabías que...?

La sensación de caliente o de frío depende del material que tocamos.

Un cuerpo nos parece frío si al tocarlo le cedemos energía.

Cuanto más rápidamente le cedamos energía, más frío nos parecerá el objeto.

Actividades

11 smSaviadigital.com JUEGA Y APRENDE
¿Cómo se propaga la luz?

12 ¿Crees que un radiador tiene calor? Razona tu respuesta.

13 Juan ha metido en su mochila la fiambrera con una tortilla recién hecha y una botella de agua que ha sacado de la nevera. ¿Cómo será la temperatura de las dos a la hora de comer? Explica por qué.

5 El comportamiento de la materia ante la energía

Como recordarás, la energía produce cambios en la materia. Fíjate en cómo se comporta la materia ante la luz y el calor.

Comportamiento de los materiales ante la luz

Según cómo se comportan ante la luz, los materiales pueden ser de distinto tipo:

- **Transparentes**, como el aire, el agua o el vidrio, que dejan pasar toda o gran parte de la luz que les llega.
- **Translúcidos**, como algunos plásticos o el vidrio esmerilado, que dejan pasar solo parte de la luz. Cuando los rayos de luz atraviesan estos materiales, se dispersan. Por eso no podemos ver claramente los objetos que están detrás de ellos.
- **Opacos**, como las rocas o la madera, que no dejan pasar la luz, la absorben o la reflejan, y nos impiden ver lo que hay detrás de ellos.

Cuando los rayos de luz llegan a un cuerpo, **chocan** con él, rebotan y cambian de dirección, es decir, se reflejan. La **reflexión** es una propiedad de la luz que nos permite usar los espejos y ver los objetos que no emiten luz.

Cuando la luz pasa de un material a otro distinto, como del aire al vidrio, los rayos se desvían y dan lugar a un fenómeno llamado **refracción**, que permite diseñar **lentes**, como las lupas o los cristales de las gafas graduadas.

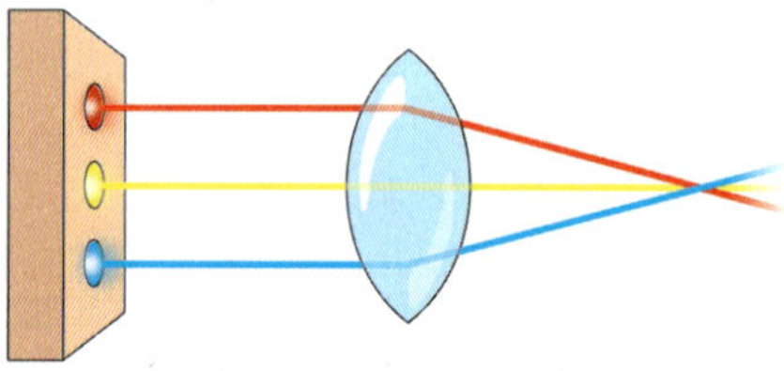

Las **lenten convergentes** juntan los rayos.

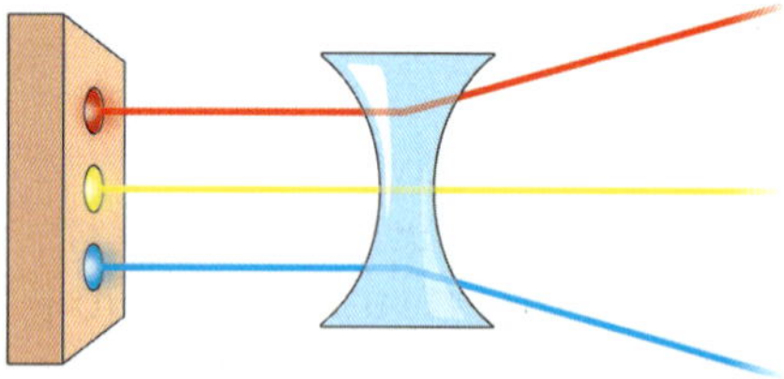

Las **lentes divergentes** separan los rayos.

La luz y los colores

¿Por qué vemos los objetos de un color determinado? Los objetos no tienen **color**, es la luz, que está formada por siete colores, la que hace que los veamos de un color o de otro.

Cuando la **luz** choca con un cuerpo, parte de los rayos son **absorbidos** por dicho cuerpo, mientras que otros son **reflejados** y llegan a nuestros ojos, haciendo que lo veamos de un color determinado.

Vemos azul la cartulina porque absorbe todos los colores de la luz blanca menos el azul, que lo refleja.

Vemos de color blanco la cartulina porque refleja todos los colores que forman la luz blanca.

Vemos de color negro la cartulina porque absorbe todos los colores y no refleja ninguno.

Comportamiento de los materiales ante el calor

Cuando un cuerpo recibe energía en forma de calor sufre cambios: **aumenta su temperatura** y, como consecuencia, se **dilata** o puede **cambiar de estado**:

- La **dilatación** es el aumento del tamaño de un cuerpo debido al incremento de la temperatura. Los **gases** y los **líquidos** son los que más se dilatan. Los **sólidos** también sufren este cambio; algunos se dilatan bastante, como los metales, y otros muy poco, como el vidrio. Cuando los cuerpos se enfrían se produce el fenómeno contrario, la **contracción**.
- La materia se encuentra en tres estados: **sólido**, **líquido** y **gaseoso**, y puede **cambiar** de uno a otro por efecto del calor.

  Al recibir energía calorífica, los cuerpos empiezan a aumentar de temperatura hasta que llegan a un punto en el que, a pesar de seguir recibiendo calor, la temperatura permanece **constante**. Esto se debe a que en ese momento el calor se emplea en que el cuerpo cambie de estado.

Taller de ciencias

Comprueba la dilatación de los gases

Coge una botella, ciérrala con un globo y, con un adulto, caliéntala al baño María

Al cabo de un rato, verás que el globo se empieza a hinchar.

14 ¿A qué es debido este fenómeno? ¿Qué crees que ocurrirá si separamos la botella de la fuente de calor? Explica por qué.

- Cuando la **luz choca** contra un cuerpo, rebota en él y se **refleja**.
- Cuando la **luz cambia de medio** se desvía y se **refracta**.
- Cuando un cuerpo absorbe **calor**, **aumenta de temperatura** y **se dilata**, o bien **cambia de estado**.

Actividades

15 smSaviadigital.com OBSERVA Y APRENDE
La absorción de la luz.

16 Explica la siguiente oración: *El aire caliente ocupa más espacio que el aire frío.*

Organiza tus ideas

FORMAS DE ENERGÍA

son algunas

LA LUZ

sufre

REFLEXIÓN — **REFRACCIÓN**

cuando actúa sobre

LA MATERIA

sufre

según su composición puede ser

SUSTANCIA PURA — **MEZCLA**

Mezcla: Homogéneas — Heterogéneas

Heterogéneas: se pueden separar por

Evaporación

Filtración

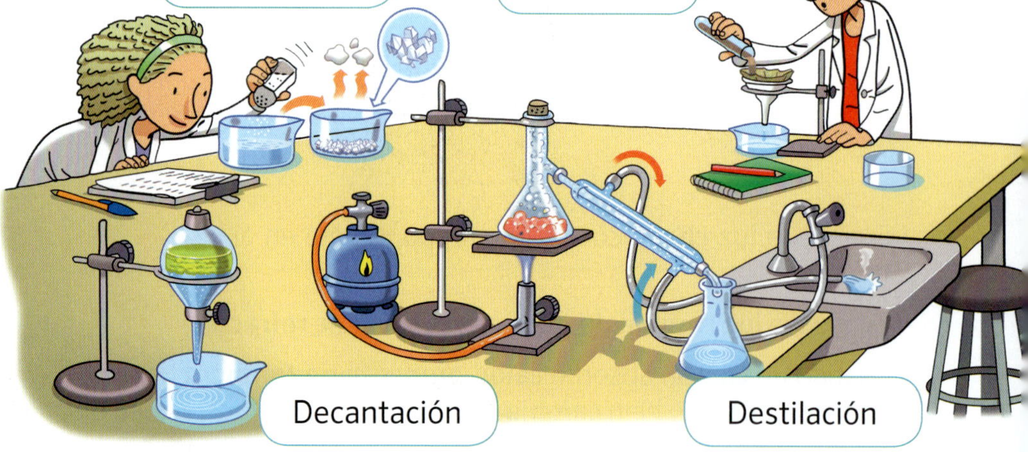

según su estado puede ser

SÓLIDA

LÍQUIDA

GASEOSA

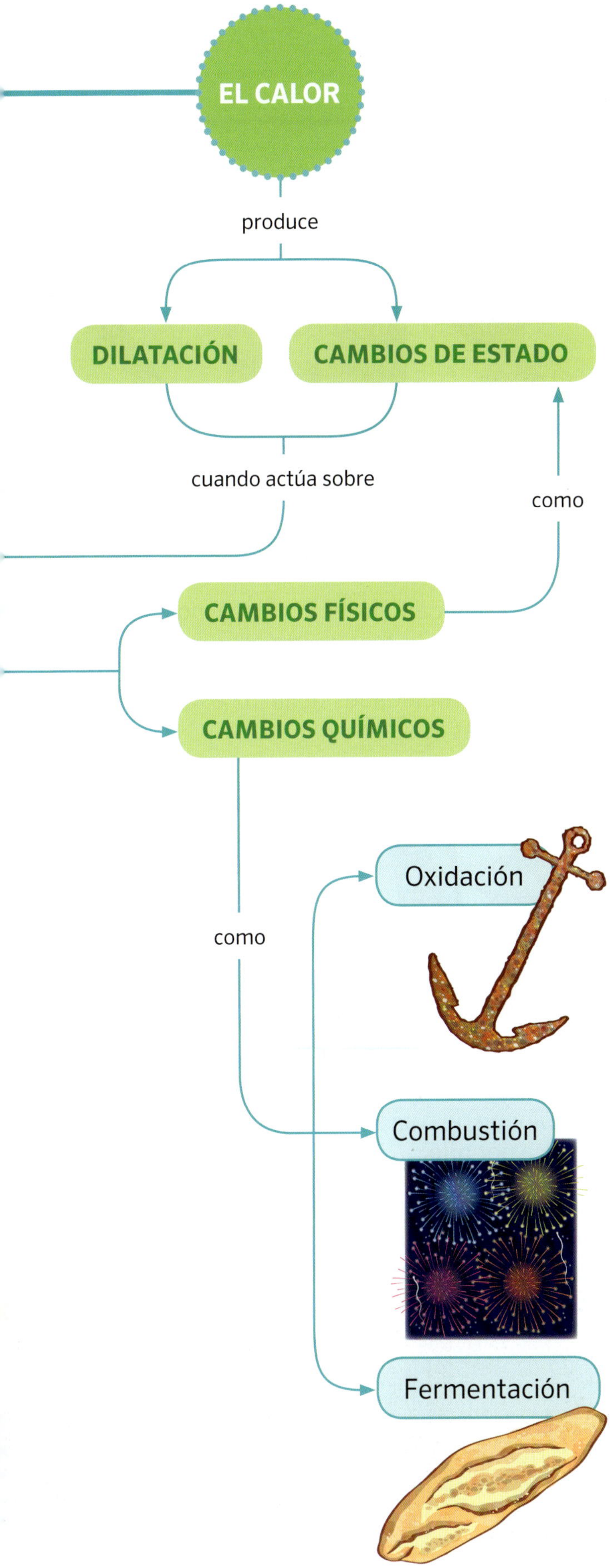

Diccionario científico

Combustión: Cambio químico brusco que ocurre cuando una sustancia se combina con el oxígeno. En el proceso se desprende luz y calor.

Fusión: Cambio de estado en el que la materia pasa de sólido a líquido.

Oxidación: Cambio químico que ocurre cuando una sustancia se combina con el oxígeno y forma otra sustancia distinta llamada óxido.

17 Pon un ejemplo de cada uno de estos tres cambios que puede sufrir la materia.

Trabaja con el esquema

18 ¿En qué parte del esquema incluirías los siguientes términos?

a) Energía eléctrica

b) Energía mecánica

c) Energía nuclear

19 ¿Con qué palabras del esquema está relacionado cada uno de estos dibujos?

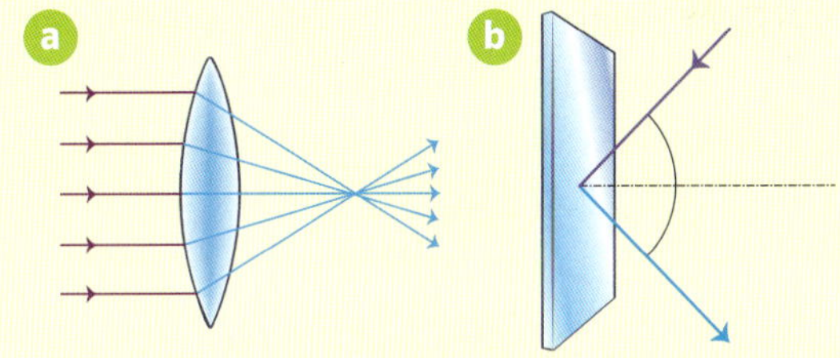

20 ¿En qué se diferencia una mezcla homogénea de una heterogénea? Añade un ejemplo de cada una en el esquema.

Adivina adivinanza

El oxígeno es mi amigo,
El naranja mi color.
Coloreo los metales del mundo,
porque soy un gran pintor.

¿Qué cambio químico soy?

Repasa la unidad

21 Copia la tabla en tu cuaderno y clasifica los siguientes objetos.

Tableta de chocolate con avellanas

Pendiente de plata | Agua

Arena de playa | Batido de vainilla

Sustancias puras	Mezclas homogéneas	Mezclas heterogéneas
●●●	●●●	●●●

22 ¿Qué método de separación de mezclas elegirías en cada caso?

a) Mezcla homogénea formada por un líquido y un sólido.

b) Mezcla heterogénea formada por un líquido y un sólido.

c) Mezcla homogénea de dos líquidos con distinta temperatura de ebullición.

d) Mezcla heterogénea de dos líquidos con distinta densidad.

23 Juan quiere hacer una paella, pero se ha olvidado la sal. ¿Cómo podría conseguirla a partir del agua de mar? ¿Qué método de separación de mezclas sería el más adecuado? Explica paso a paso el procedimiento que seguirías.

24 Copia y completa las siguientes oraciones sobre los cambios de estado.

a) El cambio de sólido a líquido se llama...

b) El cambio de líquido a gas se llama...

c) El cambio de gas a líquido se llama...

d) El cambio de líquido a sólido se llama...

25 ¿Cuál de los siguientes cambios de la materia es un cambio físico? Razona tu respuesta.

A. Arrugar un papel.

B. Quemar gasolina.

C. Hacer una tortilla francesa.

26 Indica qué tipo de reacción química se ha producido en cada caso.

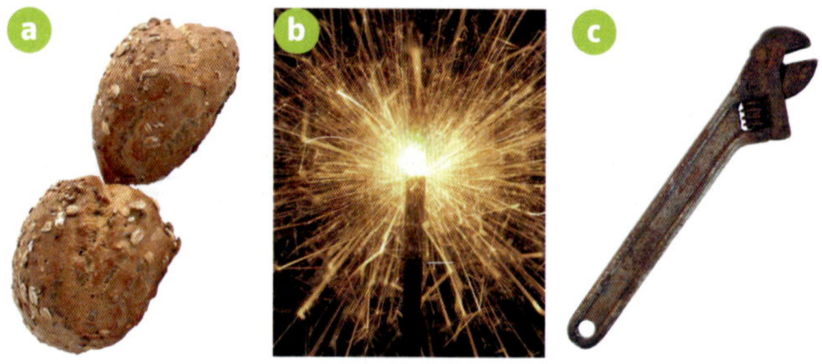

27 Describe cómo se propaga la luz cuando se enciende la farola de la calle en la que vives.

28 ¿Qué propiedad de la luz hace posible que veamos de color rojo un tomate?

29 ¿Con qué propiedades de la luz están relacionadas estas imágenes?

30 Juan dice que el termómetro sirve para medir el calor de un cuerpo. ¿Estás de acuerdo con él? Indica por qué.

31 Uno de los efectos del calor es el cambio de volumen. Explica la subida o bajada del líquido del interior de estos termómetros. Relaciónalo con la dilatación y la contracción.

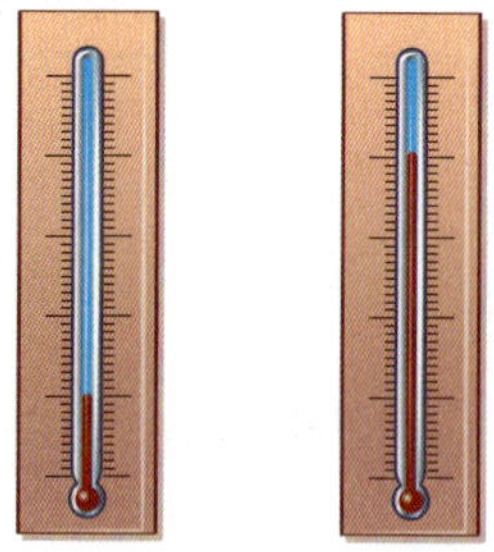

Relaciona con lo que sabes

32 Seguro que has oído hablar alguna vez de las mareas negras. Están ocasionadas por vertidos de petróleo al mar debido a accidentes de los barcos que lo transportan.

a) Si el petróleo es menos denso que el agua, ¿flotará en el mar o se hundirá?

b) Si tuvieras una mezcla de agua y petróleo en un recipiente, ¿qué método para limpiar el agua utilizarías? Razona tu respuesta.

33 Para medir la temperatura utilizamos la escala Celsius (grados centígrados o °C). ¿A qué temperatura se producen la fusión del hielo y la ebullición del agua?

34 Las estrellas se encuentran a distancias tan grandes que estas se miden en años luz. Si Alfa Centauri, que es el grupo de estrellas más cercano al Sol, está a 4 años luz, ¿a cuántos kilómetros está? Calcula.

35 Explica los eclipses de Sol y de Luna basándote en la forma de propagarse la luz. Fíjate en las imágenes.

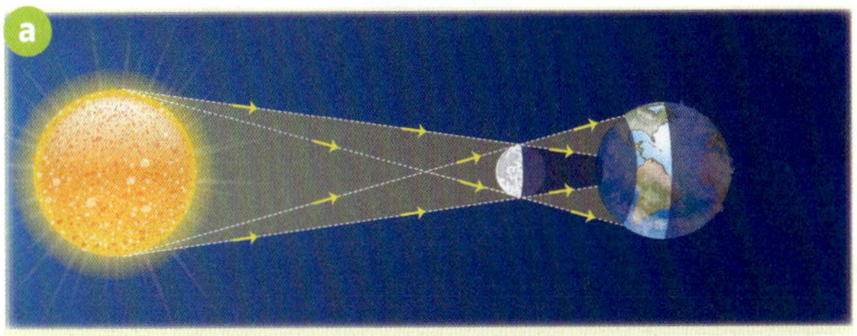

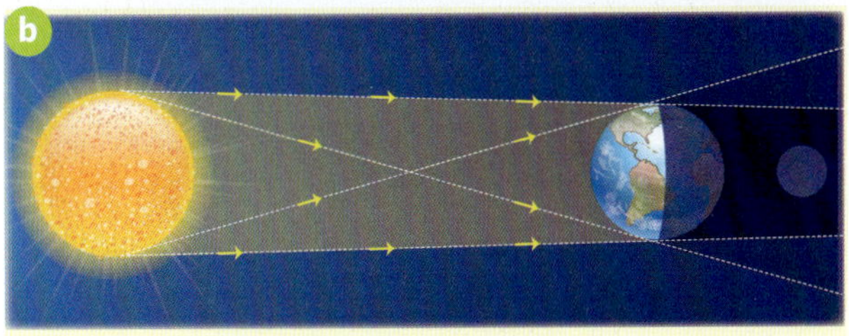

36 La dilatación puede causar problemas en puentes y carreteras. Para evitarlo se colocan juntas de dilatación entre dos bloques. Observa la imagen y explica qué ocurriría si en los puentes no existieran las juntas de dilatación.

37 Cuando un haz de luz blanca se refracta en algún medio, los colores que la forman se separan. Explica a qué se debe que veamos el arcoíris en un día de lluvia.

38 El láser es un dispositivo electrónico que transforma la energía eléctrica en energía luminosa. Este dispositivo concentra la luz y emite un haz de gran intensidad y precisión que puede actuar sobre la materia de diversas formas. Busca información sobre sus usos en comunicaciones, medicina, industria...

smSaviadigital.com

VALORA LO APRENDIDO Comprueba lo que sabes en la **autoevaluación**.

Ponte a prueba

Aplica ▸ La materia en la cocina

Enrique prepara el desayuno en la cocina. Fíjate en los cambios que sufren los alimentos durante la preparación.

1. ¿Qué tipo de cambios ocurren mientras Enrique prepara el desayuno? Copia la tabla y clasifícalos.
   a) Usa el exprimidor y hace un zumo de naranja.
   b) Ha pelado una manzana y cuando ha ido a comérsela ha visto que se había oscurecido.
   c) Ha echado chocolate en polvo a la leche y lo ha removido con una cuchara.
   d) La tostada se ha quemado.

Cambios físicos	Cambios químicos
●●●	●●●

2. El zumo de naranja de Enrique tiene pulpa y líquido. ¿Es una sustancia pura o una mezcla? ¿Qué método de separación utilizarías para obtener solamente el líquido?

3. Al calentar la leche Enrique ha visto que empieza a salir vapor. Explica qué crees que está ocurriendo.

4. Lucía quiere desayunar tortitas. Para hacer la mezcla, bate huevos, leche, mantequilla, azúcar y un poco de sal. También añade levadura. Copia la tabla y responde Sí o No en cada caso.

La mezcla de huevos, leche, sal, mantequilla y azúcar es una mezcla homogénea.	Sí/No
Al añadir la levadura se produce una oxidación.	Sí/No
Al añadir la levadura se produce una fermentación.	Sí/No

Analiza la solución a un problema ▸ Las gafas y la miopía

Muchas personas necesitan gafas para ver de forma clara y nítida los objetos que hay a su alrededor.

Pilar lleva gafas y dice que con ellas ve mucho mejor. Sin gafas vería borroso lo que está lejos. El médico le ha dicho que tiene miopía y que las gafas correctoras la ayudan a ver mejor.

Sin lentes correctoras

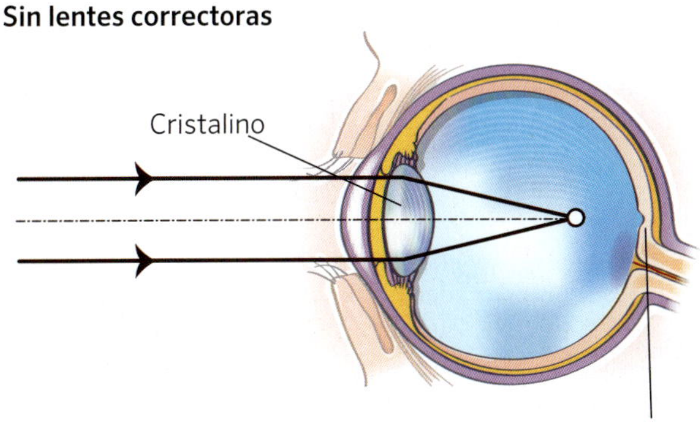

En las personas con miopía, los rayos de luz se concentran delante de la retina.

Con lentes correctoras

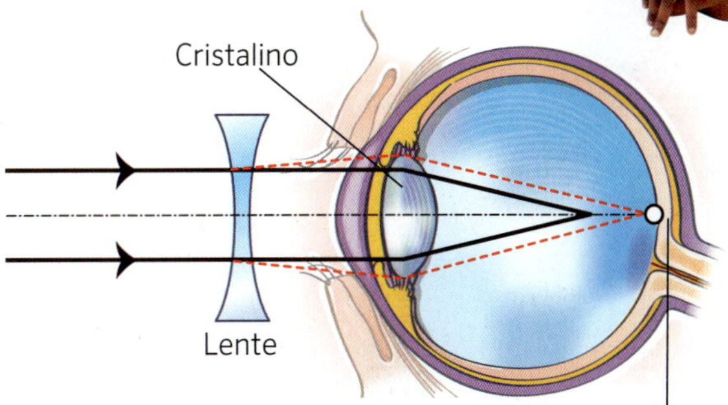

La miopía se corrige con lentes divergentes, que separan los rayos y los concentran en la retina.

1. ¿Qué problema de visión tiene Pilar? Explica cómo lo ha corregido.
2. Javier tiene un problema diferente: ve borroso lo que está cerca. Tiene hipermetropía.
   a) Investiga de qué problema se trata.
   b) ¿Crees que, para solucionarlo, Javier necesitaría lentes convergentes o divergentes? Razona tu respuesta.

Tarea final Construimos un termómetro

¿Podemos mostrar un cambio físico debido al calor y a la vez reutilizar una botella de vidrio? Vamos a comprobarlo.

PASO 1 Pon agua en una botella de vidrio pequeña y echa unas gotas de colorante.

PASO 2 Introduce un tubo de bolígrafo y sella la boca dela botella con plastilina. ¡Ya tienes tu termómetro! Es importante que el tubo sea transparente.

PASO 3 ¿Qué ocurre con la tinta cuando calientas la botella con las manos o la pones cerca de un radiador? ¿Y si después la introduces en agua con hielo? Realiza el experimento y contrasta los resultados con tus compañeros.

PASO 4 Entre todos, explicad a qué se deben los cambios físicos producidos.

smSaviadigital.com
VALORA LO APRENDIDO ¿Cómo has trabajado en esta tarea?

unidad 6

Electricidad y magnetismo

¡Qué importante es... buscar una explicación científica y comprobarla!

En la Antigüedad, se creía que muchos fenómenos, como los relámpagos o la orientación de la aguja de una brújula, sucedían de forma mágica. Hoy día, gracias a la importante labor investigadora de los científicos, sabemos explicar algunos hechos que antes resultaban sorprendentes.

Tarea final

Al final de la unidad, podrás utilizar una brújula creada por ti y realizar con ella un experimento sobre la electricidad y el magnetismo.

La montaña del imán

—A la derecha he visto peces en la superficie del agua, y muy lejos, en medio de las olas, una cosa que a veces parecía blanca y otras, negra.

Al oír estas palabras del vigía, el capitán sufrió un cambio muy notable de color, tiró el turbante al suelo, se mesó la barba y nos dijo: "¡Os anuncio nuestra total pérdida! ¡No ha de salvarse ni uno!". Luego se echó a llorar, y con él lloramos todos. Yo le pregunté entonces: "¡Oh capitán! ¿Quieres explicarnos las palabras del vigía?". Y contestó:

—[…] Mañana llegaremos a una montaña de rocas negras que se llama la Montaña del Imán, y hacia ella han de llevarnos a la fuerza las aguas. Nuestra nave se despedazará, porque volarán todos sus clavos, atraídos por la montaña y adhiriéndose a sus laderas, pues Alá el Altísimo dotó a la Montaña del Imán de una secreta virtud que le permite atraer todos los objetos de hierro.

ANÓNIMO: *Las mil y una noches*.
En www.ellibrototal.com

Hablamos

1. ¿Qué característica tiene la Montaña del Imán que asusta tanto a los marineros?
   A. Que es muy alta.
   B. Que atrae los objetos de hierro.
   C. Que está rodeada de peces monstruosos.
   D. Que es negra.

2. No existe una montaña así, pero sí que existe un mineral que puede atraer los objetos de hierro. Investiga. ¿Cómo se llama? Describe sus características: color, aspecto, cualidades...

3. **¿Y tú qué opinas?** Si el capitán del barco hubiera aplicado el razonamiento científico, ¿qué medidas crees que podría haber tomado para evitar que el barco se despedazara?

1 La electricidad

Seguramente habrás notado alguna vez que cuando te estás peinando con un peine de plástico y lo separas de la cabeza, los cabellos se levantan atraídos por el peine. ¿Por qué crees que se produce este fenómeno? ¿Será que el peine es mágico?

La electricidad estática

El poder de atracción del peine no es magia. Se debe a un tipo de electricidad que hace que algunos cuerpos se atraigan o se repelan, llamada **electricidad estática**.

La atracción de los cabellos al peinarnos, y también las chispas que se producen en ocasiones cuando nos quitamos un jersey de lana, suceden porque los cuerpos **se electrizan** al frotarlos, es decir, manifiestan una propiedad de la materia que se llama **carga eléctrica**.

Cuando los objetos se electrizan pueden adquirir carga eléctrica **positiva** o **negativa**. Sin embargo, los objetos normalmente son **neutros**, es decir, tienen tantas cargas positivas como cargas negativas.

Si después de frotar un globo lo acercamos al cabello, el pelo es atraído debido a la presencia de cargas eléctricas de distinto tipo.

El comportamiento de los cuerpos frente a la electricidad

Si acercamos dos cuerpos, estos se relacionan de distinta manera según el tipo de carga que hayan adquirido:

- Los cuerpos que tienen el **mismo tipo de carga eléctrica** se repelen entre sí. Así, si inflamos dos globos, los frotamos con un jersey de lana y los acercamos, vemos que se repelen.

  Este efecto se debe a que mediante el frotamiento, los dos han adquirido la misma carga eléctrica.

- Los cuerpos que tienen **distinto tipo de carga eléctrica** se atraen. Así, si frotamos un globo con un jersey de lana, vemos que este es capaz de atraer pequeñas bolas de corcho blanco.

  Este efecto se debe a que, mediante el frotamiento, el globo ha adquirido carga eléctrica negativa y atrae a las cargas positivas de las bolitas que, al ser neutras, tienen de los dos tipos de carga eléctrica.

Al acercarlos estos dos globos **se repelen** porque tienen **el mismo tipo de carga**.

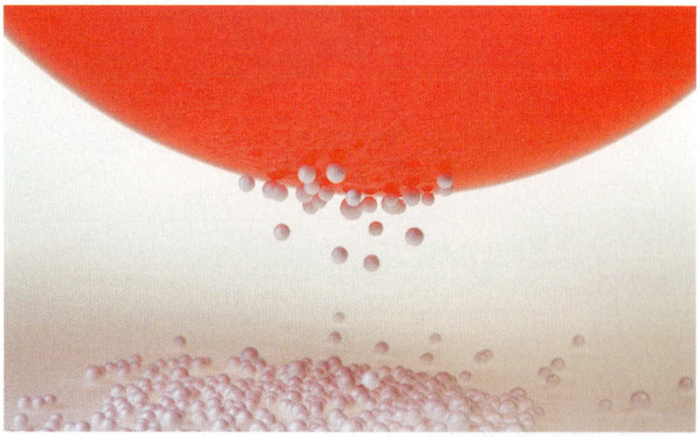

El globo **atrae** a las bolitas de corcho blanco porque estas tienen **distinta carga**.

Taller de ciencias

Experimenta con la electricidad estática

Algunos materiales se cargan con electricidad estática y otros no. Para estudiar el comportamiento de los materiales ante la electricidad, vamos a planificar y realizar varias experiencias.

Frotamos un bolígrafo de plástico con lana.

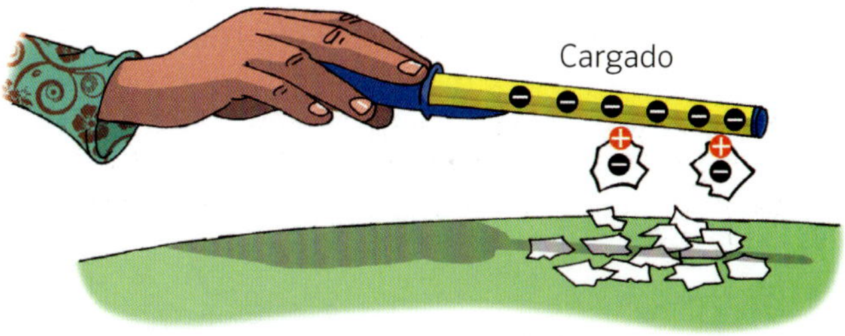

Vemos que atrae los papelitos.

Frotamos una cuchara de metal con lana.

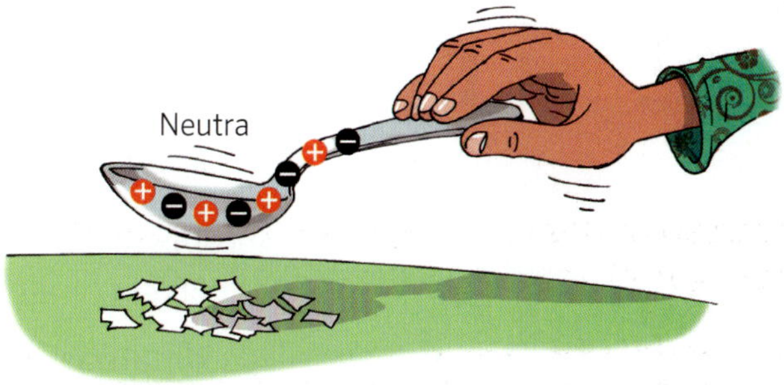

Vemos que no atrae los papelitos.

Al frotar el bolígrafo este se carga eléctricamente. Y, como el plástico es aislante, las cargas no circulan hacia nuestra mano. De este modo, el bolígrafo permanece cargado y atrae los papelitos.

El metal es un material conductor. Al frotar la cuchara, la carga eléctrica adquirida circula por el metal hasta nuestra mano, con lo que vuelve a quedarse neutra. Por eso no atrae los trocitos de papel.

1. ¿Se electrizará una varilla de vidrio si la frotamos con la lana? Explica por qué.

La **electricidad estática** aparece al frotar determinados objetos entre sí. Las **cargas eléctricas** pueden ser positivas o negativas.

Actividades

2. Explica el significado de esta oración.

   Los objetos normalmente son neutros.

3. ¿Qué ocurrirá si acercamos dos cuerpos, uno con carga positiva y otro con carga negativa? ¿Y si los dos tienen carga negativa? Explica por qué.

2 La corriente eléctrica

Para que una linterna funcione es necesario cambiar las pilas cuando se gastan. Las pilas de la linterna transforman la energía química que contienen en energía eléctrica que enciende la bombilla, por eso las pilas son generadores de electricidad. Para que la corriente eléctrica generada por las pilas circule, la linterna tiene en su interior un circuito eléctrico.

El circuito eléctrico

La corriente eléctrica se debe a un movimiento continuo de cargas eléctricas. Para que ocurra este movimiento, es necesario un **circuito eléctrico** con los siguientes componentes:

- Un **generador**, que se encarga de producir la corriente eléctrica. Existen distintos tipos de generadores, como por ejemplo:
  - Las **pilas**, que transforman la energía química de las sustancias que tienen dentro en energía eléctrica. La energía eléctrica que suministra la pila está relacionada con el voltaje, que se expresa en voltios.
  - Las **dinamos**, que transforman la energía del movimiento en energía eléctrica.
- Unos **cables**, que conducen la corriente eléctrica. Suelen ser de cobre, porque ese material es un buen conductor de la electricidad.
- Un **receptor**, que funciona gracias a la electricidad, por ejemplo, una bombilla. Si usamos una pila de voltaje superior al que marca la bombilla, esta puede fundirse. Si el voltaje de la pila es inferior, la bombilla brilla menos. También se pueden intercalar otros aparatos, como timbres, motores...
- Un **interruptor**, que permite o interrumpe el paso de la corriente en el circuito. En este circuito, el clip sirve de interruptor.

Cuando el circuito se abre por cualquier punto, el paso de la corriente se interrumpe y los aparatos no funcionan.

Conductores y aislantes

No todos los materiales se comportan igual ante la electricidad:

- Los materiales **conductores** permiten que la electricidad se mueva por su interior. Los metales son buenos conductores y, por eso, los cables de la luz son de cobre.
- Los **aislantes** no permiten que la electricidad se mueva por su interior. La madera, el papel y el plástico son aislantes.

Taller de ciencias

Comprueba la conductividad eléctrica de los materiales

Construye un circuito eléctrico y pon entre los cables una cuchara de plástico. ¿Se enciende la bombilla? Después sustituye la cuchara de plástico por otra de metal. ¿Qué ocurre ahora?

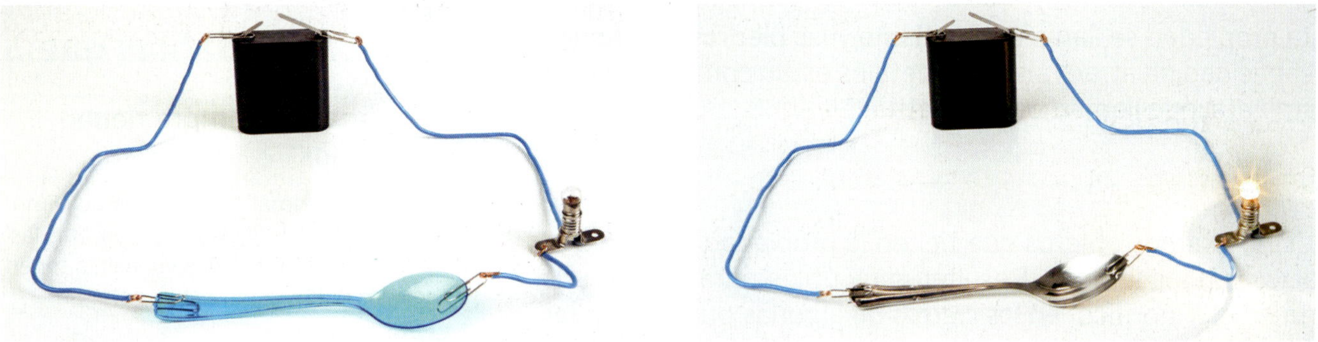

4 ¿Por qué en un caso la bombilla se enciende y en el otro, no?

5 ¿Se encenderá la bombilla si ponemos una cuchara de madera? Explica por qué.

Usos de la corriente eléctrica

Tanto en nuestras viviendas como en la industria, los transportes y las comunicaciones, utilizamos la corriente eléctrica para producir distintos efectos:

- **Luz**, **imágenes** y **sonido**, como sucede en las bombillas, los televisores y ordenadores, y los equipos de música.
- **Calor**, como en las estufas, las cocinas y los hornos.
- **Movimiento**, como en las lavadoras, las taladradoras, las máquinas industriales y los trenes.
- **Comunicaciones**, como en los teléfonos, las estaciones de radio y televisión, y los radares.

> ▶ La **corriente eléctrica** es el movimiento de cargas eléctricas a través de un material conductor.
>
> ▶ Un **circuito eléctrico** consta de un generador de corriente, cables, aparatos y un interruptor.

Actividades

6 Dibuja un circuito eléctrico sencillo. Escribe el nombre de los elementos que lo componen y explica la función de cada uno.

7 smSaviadigital.com JUEGA Y APRENDE ¿Son conductores o aislantes?

3 El magnetismo

Hace más de 3.000 años, los habitantes de la ciudad griega de Magnesia observaron que algunas piedras atraían los objetos fabricados con hierro.

Esta propiedad se llama **magnetismo** y las piedras que tienen la capacidad de atraer algunos metales están compuestas por un mineral que llamamos **magnetita**.

Los imanes

A diario usamos objetos que tienen la propiedad de atraer al hierro. Son los **imanes**. Resultan muy útiles para sujetar una nota en el frigorífico, en los cierres de algunas puertas, en las bandas magnéticas de las tarjetas de crédito, en los detectores de metales de algunos establecimientos...

Hay **imanes naturales**, como la magnetita, pero casi todos los que utilizamos son **imanes artificiales**, es decir, son materiales a los que se les ha proporcionado la propiedad del magnetismo frotándolos con un imán natural o aplicando una corriente eléctrica.

El espacio que rodea a un imán y en el que este es capaz de atraer algunos metales, como el hierro y el níquel, se llama **campo magnético**.

Los imanes tienen dos extremos, que se denominan polos: **polo norte** y **polo sur**. Cuando acercamos los polos de dos imanes, observamos que se atraen o que se repelen.

¿Sabías que...?

Los imanes siempre tienen dos polos

Al cortar un imán por la mitad no eliminamos uno de los polos, sino que las partes que obtenemos vuelven a tener los dos polos: polo norte y polo sur.

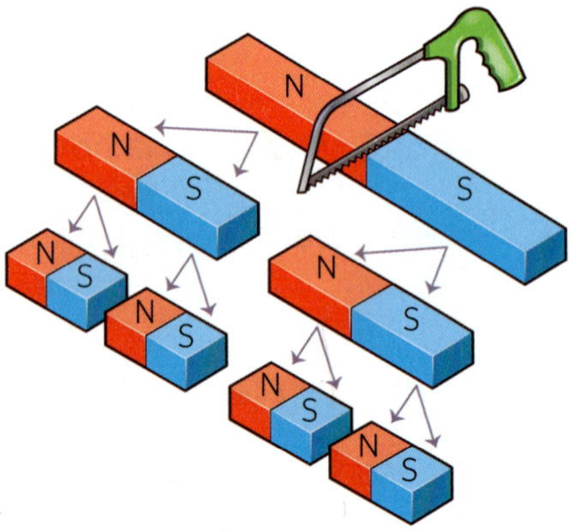

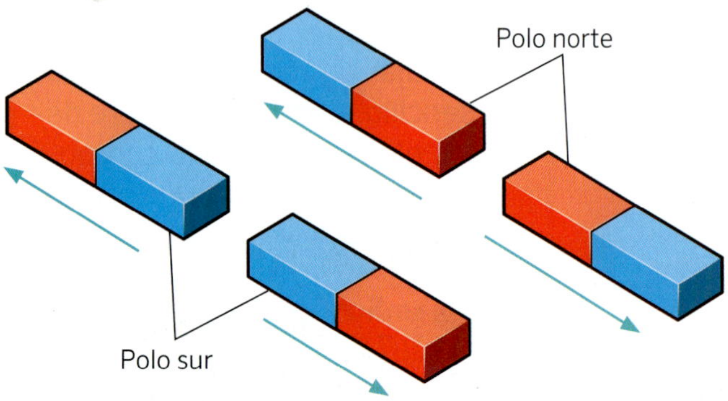

Si los polos que se acercan son del **mismo tipo**, los imanes **se repelen**.

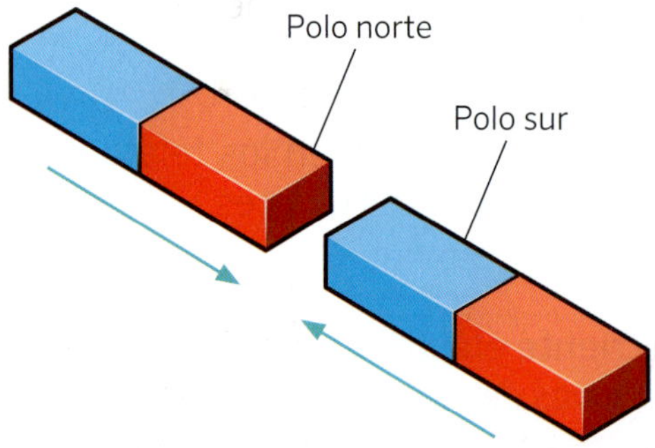

Si los polos que se acercan son de **distinto tipo**, los imanes **se atraen**.

El magnetismo terrestre

El núcleo es la parte más interna de la Tierra. Está compuesto por una masa de hierro y níquel a altas temperaturas y se mueve. Esto hace que la Tierra se comporte como un imán.

Como todo imán, la Tierra tiene un **polo norte magnético (N)**, que está situado cerca del polo sur geográfico, y un **polo sur magnético (S)**, que está cerca del polo norte geográfico.

Gracias al magnetismo terrestre, podemos orientarnos mediante una **brújula**.

La brújula es un instrumento formado por una **aguja imantada** que gira sobre un eje. El polo norte de la aguja se ve atraído por el polo sur magnético de la Tierra. Como ese polo sur magnético terrestre está muy cerca del polo norte geográfico, la brújula nos señala dónde está el norte.

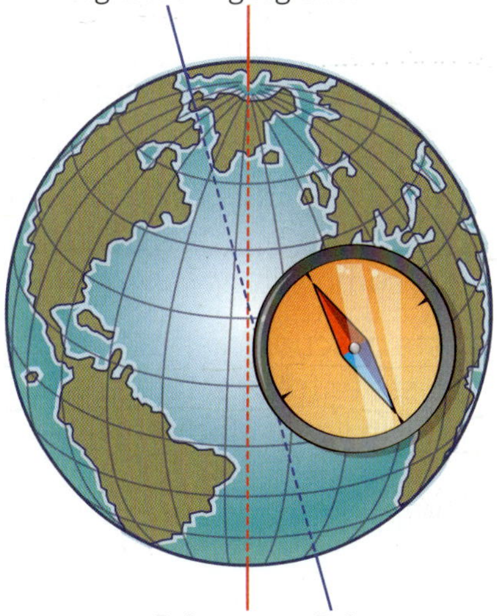

Taller de ciencias

Fabrica una brújula colgante

Utiliza el magnetismo y construye una brújula. Después guárdala; la necesitarás al final de la unidad.

Frota varias veces un alfiler con un imán, siempre en el mismo sentido.

Coloca el alfiler sobre un corcho blanco y pega un hilo con pegamento.

Sujeta el montaje de la brújula por el hilo y deja que cuelgue libremente.

8 ¿Hacia dónde señala la punta del alfiler, hacia el polo norte geográfico o hacia el polo sur geográfico? ¿Con qué polo magnético terrestre se corresponde?

9 ¿Qué ocurrirá si giras el corcho para que señale al lado opuesto? Explica por qué.

- El **magnetismo** es la capacidad que tienen algunos materiales, llamados imanes, de **atraer el hierro**.
- La **Tierra** funciona como un gran imán. La **brújula** detecta el magnetismo terrestre y nos permite orientarnos.

Actividades

10 sm**Savia**digital.com
JUEGA Y APRENDE
¡Los imanes al tren!

4 La electricidad y el magnetismo

Mientras preparaba su clase de física, el científico y profesor danés **Hans Christian Oersted** vio que si acercaba una brújula a una corriente eléctrica, la aguja se movía ligeramente. En cambio, si cesaba la corriente eléctrica, la aguja volvía a su posición inicial.

Oersted dedujo que alrededor de la corriente eléctrica se generaba un campo magnético capaz de atraer la aguja de la brújula, como si fuera un imán.

Con este descubrimiento, el científico había hallado la relación que existe entre la electricidad y el magnetismo. A este fenómeno se lo llama **electromagnetismo**.

La electricidad produce magnetismo

Como hemos visto, cuando por un circuito eléctrico circula corriente eléctrica **se crea un efecto magnético**, ya que el circuito actúa como un imán con una capacidad de atracción débil.

Si queremos que la intensidad del campo magnético sea mayor, podemos enrollar el **cable en forma de bobina**. Así la corriente eléctrica pasa muchas veces por el mismo sitio, lo que **aumenta** la intensidad de la **atracción**.

Si dentro de la bobina colocamos una **barrita de hierro**, la atracción aumenta aún más y se comporta como un verdadero imán: es un **electroimán**. Cuando deja de pasar la corriente eléctrica, el electroimán pierde su capacidad.

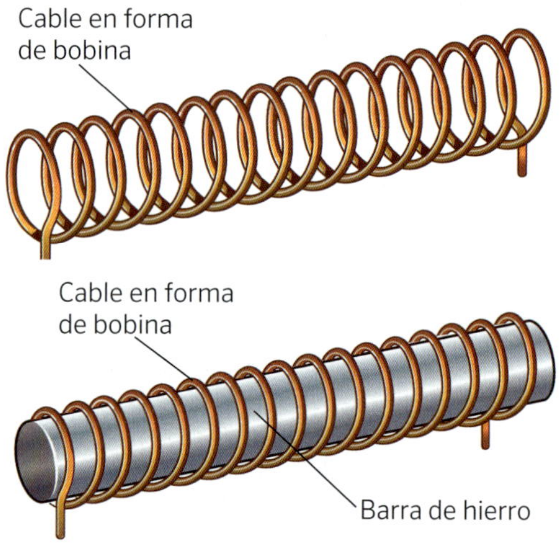

Taller de ciencias

Construye un electroimán

Vamos a constuir un imán. Para ello necesitas un cable, un tornillo y una pila.

Enrolla cuidadosamente un cable alrededor de un tornillo, dejando los dos extremos a la vista.

Con cuidado para que no se rompa, pela los extremos del cable y conéctalos a los dos polos de la pila.

11 Acerca unos clips. ¿Qué ocurre? Da diez vueltas más al cable y prueba tu electroimán. ¿Cuántos clips puede atraer? Si en lugar de diez vueltas, das veinte vueltas, ¿atraerá más o menos clips?

¿El magnetismo produce electricidad?

Si la corriente eléctrica genera magnetismo y mueve la aguja de una brújula, ¿qué ocurrirá si hacemos lo contrario, es decir, si movemos un imán dentro de una bobina de cable? ¿Se generará electricidad?

Esta es la pregunta que se hizo el físico Faraday, y que le impulsó a investigar. Conectó una bobina de cable de cobre a un aparato medidor de corriente eléctrica. **Introdujo un imán en el hueco de la bobina** y vio que la aguja del aparato medidor se movía, es decir, detectaba **corriente eléctrica**. Y que cuando lo sacaba, la aguja se movía en sentido contrario.

La corriente eléctrica que se genera de esta forma será más intensa cuanto más potente sea el imán, más vueltas tenga la bobina y más rápidamente lo movamos.

Actualmente, para producir electricidad a partir del magnetismo se utilizan **generadores electromagnéticos**. Existen distintos tipos de estos generadores:

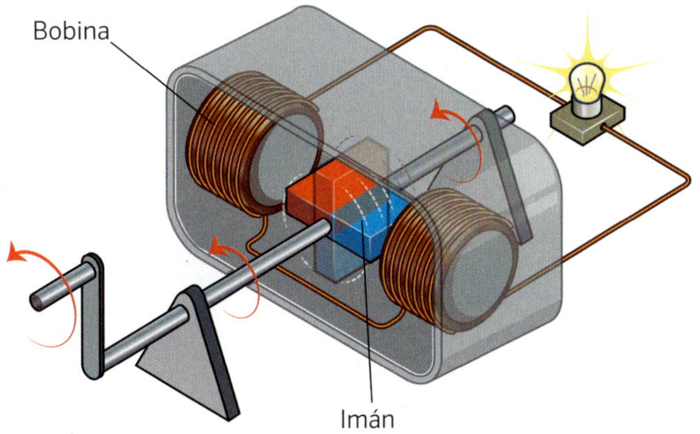

Unos generan electricidad **moviendo un imán dentro de una bobina**.

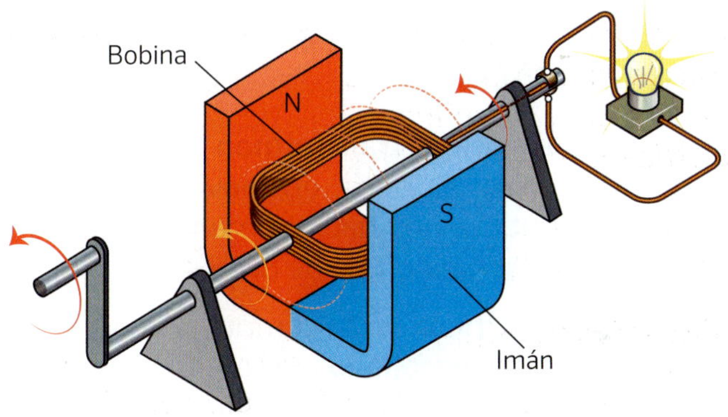

Otros generan electricidad **haciendo girar una bobina entre dos imanes**.

- La **corriente eléctrica** y el **magnetismo** son fenómenos relacionados.
- La corriente eléctrica produce magnetismo y la variación del magnetismo produce corriente eléctrica.

Actividades

12 Explica las semejanzas y diferencias entre un imán y un electroimán.

13 smSaviadigital.com JUEGA Y APRENDE
Fabricamos electricidad.

14 ¿Qué bobina tendrá mayor capacidad de atracción? Explica por qué.

5 Aplicaciones del electromagnetismo

La tostadora o el exprimidor de fruta nos saludan a primera hora de la mañana. A esas horas quizá también utilicemos un calentador de aire, un secador u otros utensilios que nos hacen la vida más fácil. La mayoría de estos aparatos funcionan con electricidad y tienen en su interior un **motor eléctrico**.

El motor eléctrico

Los motores eléctricos **transforman la corriente eléctrica en energía mecánica**, es decir, en **movimiento**. Muchos de los aparatos que utilizamos habitualmente, como una batidora, funcionan gracias a este tipo de dispositivos.

Los **motores eléctricos** están compuestos por una **bobina** formada por un **cable enrollado** y colocada **entre imanes**.

Cuando la corriente eléctrica pasa por la bobina, el campo magnético que se genera hace que la bobina gire. Ese movimiento o energía mecánica se transmite al aparato haciendo que este funcione, como sucede en las aspas de una batidora o en las palas de un ventilador.

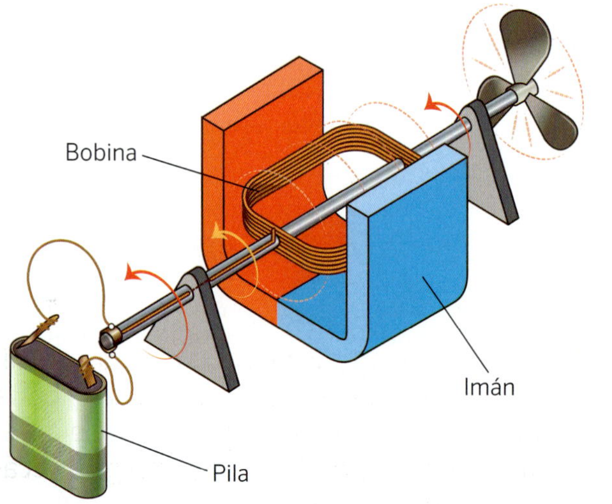

En este montaje de un motor, la corriente eléctrica crea un campo magnético que hace que la bobina gire.

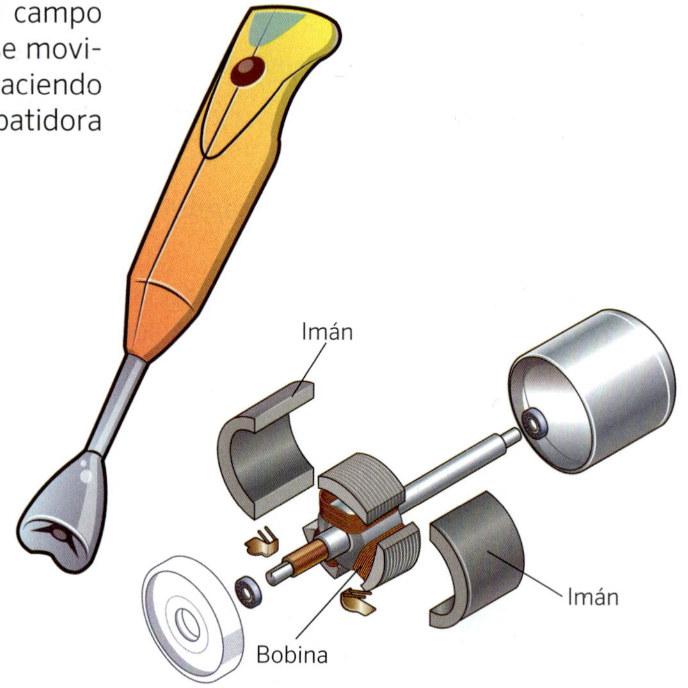

Las batidoras tienen en su interior un motor eléctrico, parecido al del montaje, que transmite el movimiento a las aspas.

Taller de ciencias

Construye un motor simple

Dobla un trozo de cable de cobre. Coloca una pila encima de un imán muy potente y ajusta el cable para que contacte con el polo positivo de la pila y con el imán. Lija la zona del cable que hace contacto con la pila y con el imán para que pueda pasar la corriente.

Verás que en poco tiempo el cable se pone en movimiento y coge velocidad.

Sé creativo y da otra forma al cable. Recuerda: debe hacer contacto en el polo positivo de la pila y el imán.

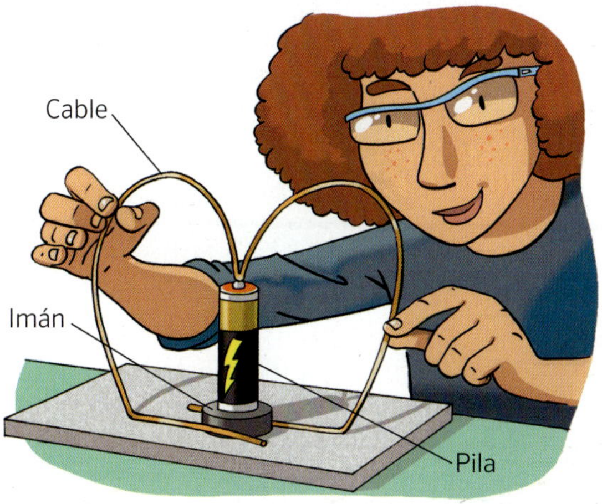

15 Compara el montaje con el de la página anterior e indica las semejanzas y las diferencias.

El generador eléctrico

Un motor eléctrico y una **dinamo** como las que se usan para dar luz en las bicicletas, son muy parecidos: ambos cuentan con un **imán** y con una **bobina de cable** conductor. Sin embargo, mientras el motor eléctrico necesita recibir corriente eléctrica para producir movimiento, la dinamo **genera corriente eléctrica a partir del movimiento**.

En las **centrales eléctricas** se usan **generadores eléctricos** como las dinamos, pero mucho más grandes, para producir la corriente que recibimos a través de la red eléctrica. Para ello utilizan distintas fuentes de energía:

- Las centrales hidroeléctricas usan el movimiento del agua.
- Los aerogeneradores utilizan la energía del viento.
- Las centrales térmicas utilizan la energía del vapor de agua.

El **motor eléctrico** transforma la corriente eléctrica en movimiento y el **generador eléctrico** transforma el movimiento en corriente eléctrica.

Actividades

16 ¿Cómo se llaman estos componentes de un motor eléctrico?

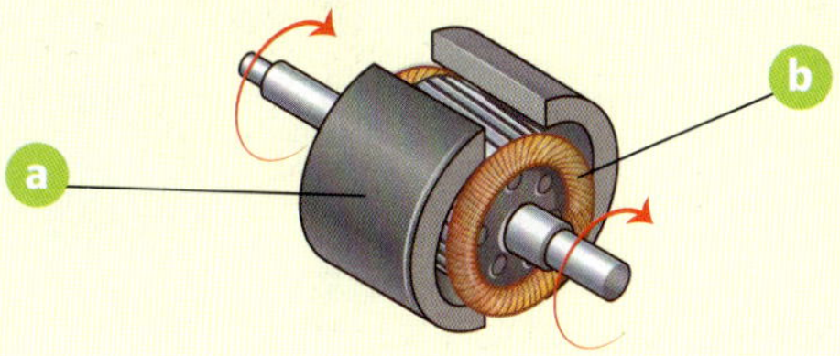

Relaciona

17 Describe cómo funciona una batidora. Utiliza términos como: cable conductor, barra metálica, imanes, bobina, corriente eléctrica, campo magnético, giro, energía mecánica, interruptor, etc.

Organiza tus ideas

LA ELECTRICIDAD

se manifiesta como

ELECTRICIDAD ESTÁTICA

CORRIENTE ELÉCTRICA

que circula por

Circuitos eléctricos

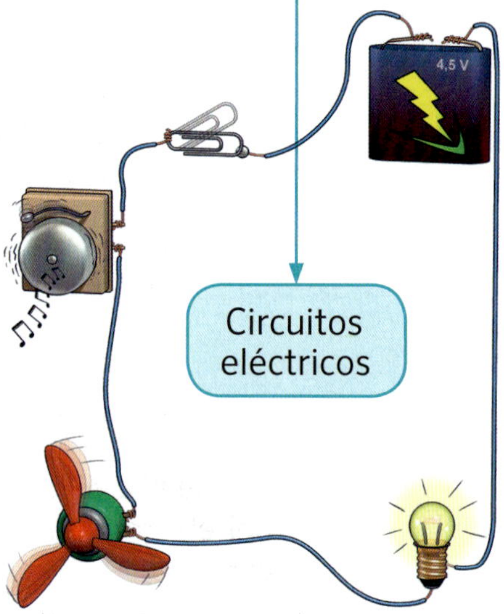

se relacionan mediante

EL ELECTROMAGNETISMO

ya que

La electricidad produce magnetismo

El magnetismo produce electricidad

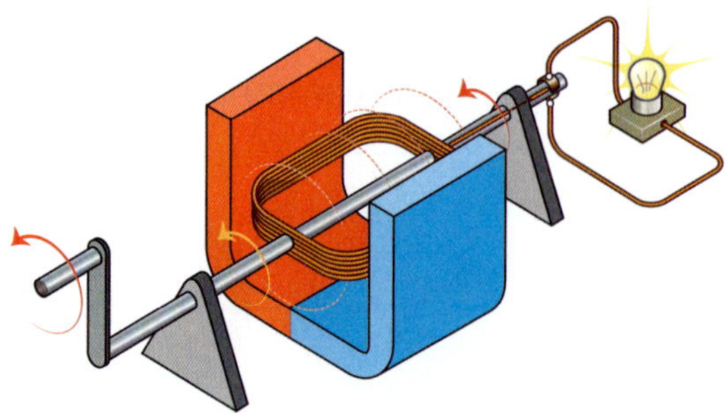

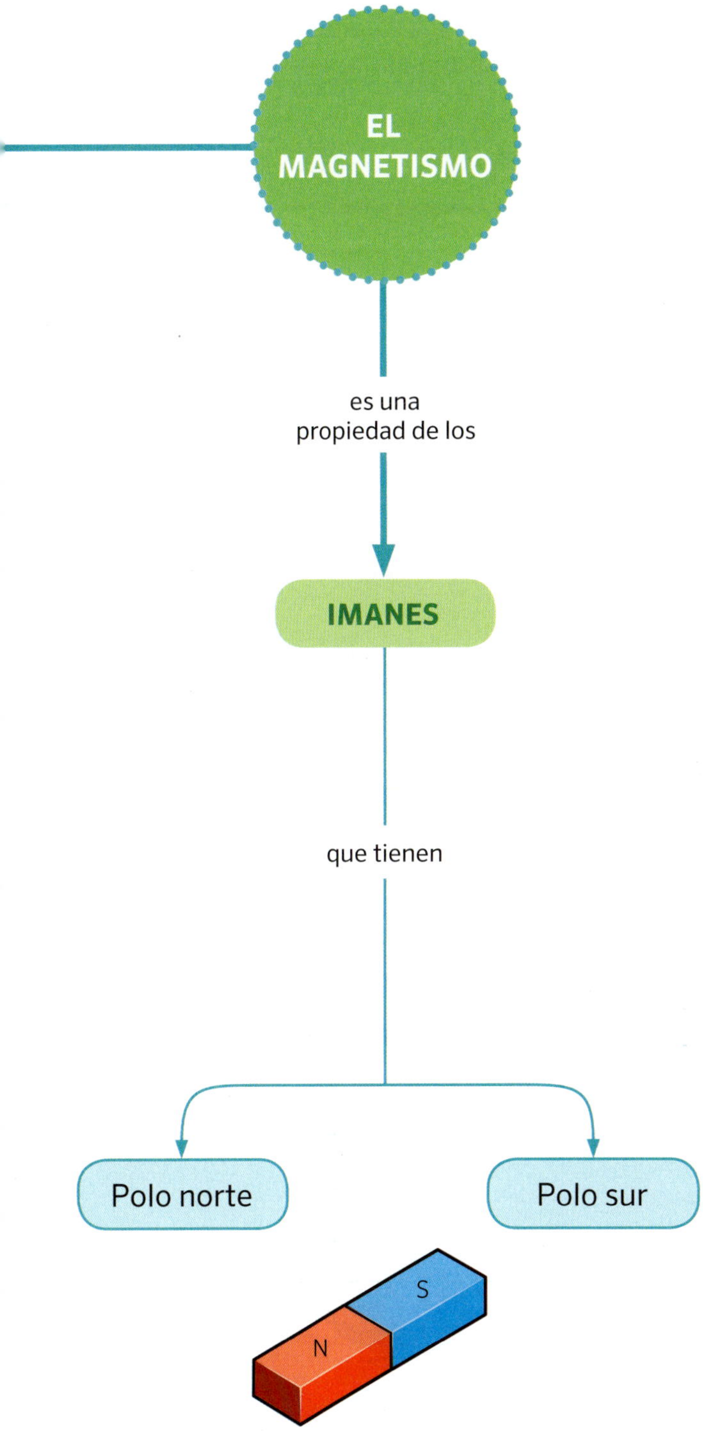

Diccionario científico

Bobina: Hilo de un material conductor enrollado varias veces sobre sí mismo.

Electroimán: Bobina de hilo conductor enrollado alrededor de un eje metálico.

Interruptor: Dispositivo que permite interrumpir el paso de la corriente eléctrica en un circuito.

18 Escribe una oración con cada una de las palabras anteriores.

Trabaja con el esquema

19 Amplía el esquema en tu cuaderno con el nombre de los elementos que componen un circuito eléctrico.

20 Utiliza el esquema para explicar las relaciones entre la electricidad y el magnetismo. Incluye ejemplos.

21 ¿Con qué parte del esquema relacionarías la brújula?

22 Observa el esquema y explica el funcionamiento de un electroimán.

23 Añade al esquema estas dos aplicaciones del electromagnetismo y explica en qué consisten.

a) Motor eléctrico

b) Generador eléctrico

Adivina adivinanza

Por mucho que yo gire
ella siempre apunta igual,
y es una forma segura
de poderme orientar.

Repasa la unidad

24 Con lo que ya sabes sobre la electricidad estática, explica por qué a veces los pelos se nos ponen de punta.

25 Fíjate en esta imagen. ¿Por qué se repelen los dos globos?

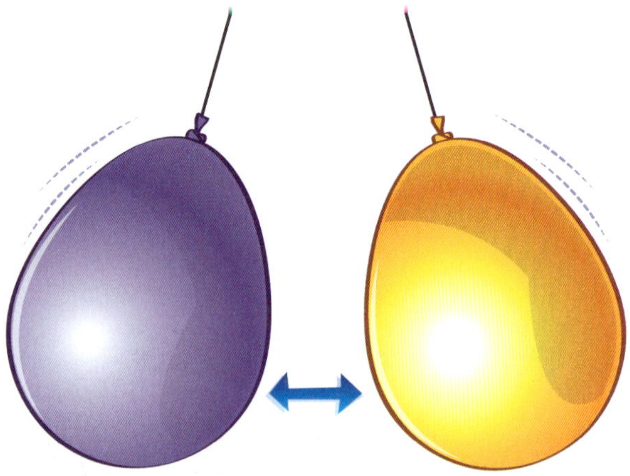

A. Porque tienen cargas eléctricas de distinto signo.
B. Porque tienen cargas eléctricas del mismo signo.
C. Porque ninguno de los globos tiene carga.

26 Copia la tabla y clasifica estos materiales.

Conductores	Aislantes
•••	•••

27 Explica por qué las herramientas metálicas y los cables tienen un recubrimiento protector de plástico.

28 Señala cuál de los siguientes circuitos permitirá que las bombillas se enciendan. Razona tu respuesta.

a
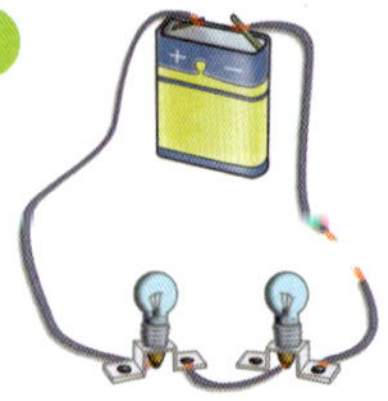

b
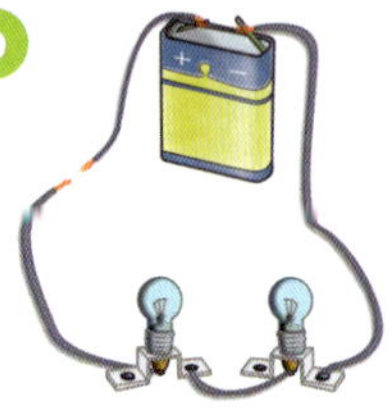

c
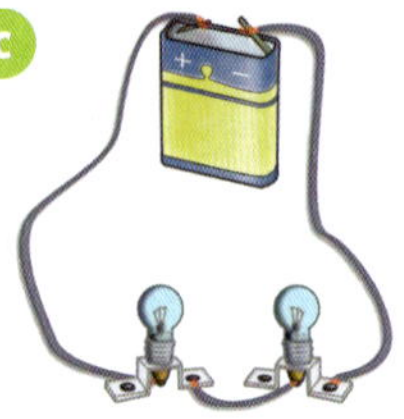

d
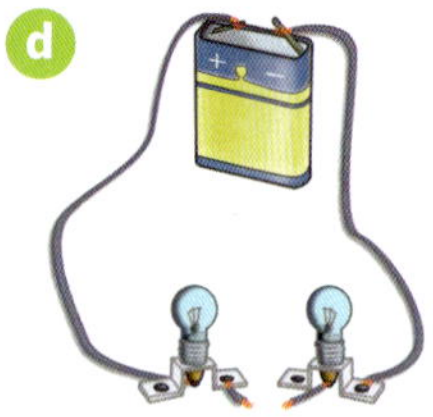

29 Indica si las siguientes parejas de imanes se atraen o repelen. Explica por qué.

a
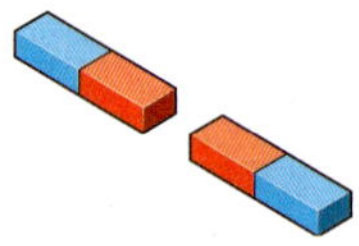

b
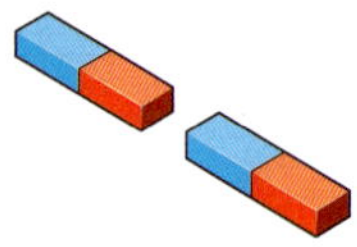

c
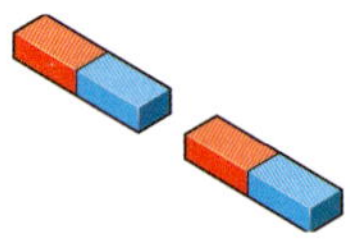

d
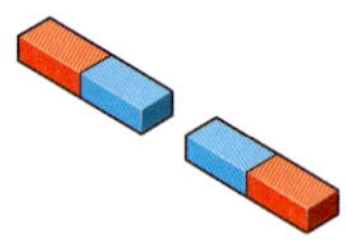

30 Copia el dibujo y señala los puntos cardinales en la brújula teniendo en cuenta que el extremo rojo señala el norte. ¿Por qué las brújulas nos ayudan a saber dónde está el norte?

31 Describe qué está ocurriendo en cada una de las siguientes viñetas.

a

b
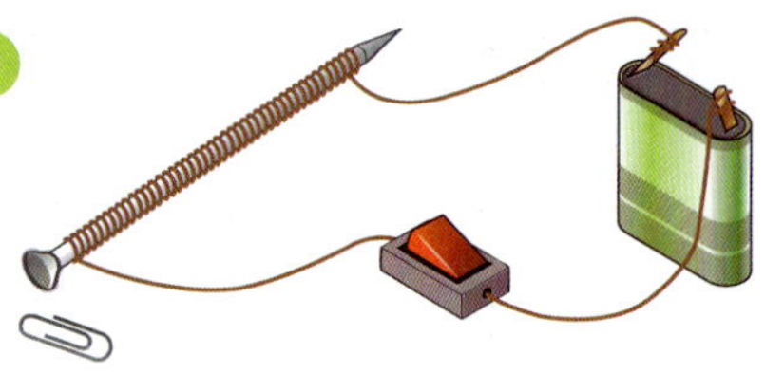

Relaciona con lo que sabes

32 Tales de Mileto, matemático, astrónomo y filósofo griego, observó que al frotar una sustancia llamada ámbar con seda se producían chispas y que el ámbar adquiría la capacidad de atraer otras partículas.

Tales de Mileto fue un gran observador. ¿Qué descubrió? ¿En qué época?

33 Hemos frotado dos globos en un jersey de lana. Di qué ocurrirá si...

a) los acercamos.

b) los acercamos colocando una cartulina entre ambos.

Explica científicamente ambas situaciones.

34 En el mercado existen bayetas que atrapan las motas de polvo sin necesidad de utilizar productos químicos.

a) Relaciona su funcionamiento con la electricidad estática.

b) ¿Por qué crees que se las denomina "bayetas ecológicas"?

35 Observa estos dos circuitos y contesta a las preguntas.

a) ¿Qué diferencias encuentras entre ellos?

b) Investiga y razona. ¿Qué crees que ocurrirá en cada circuito si se funde una de las bombillas? ¿Seguirá luciendo la otra? Razona tu respuesta.

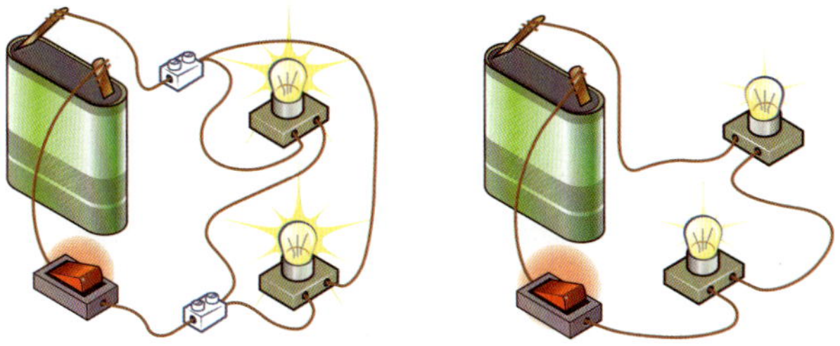

36 Este cable tiene muchos hilos de cobre. ¿Se te ocurre alguna manera de averiguar cuáles son los extremos de cada uno? Puedes utilizar una pila, una bombilla y un cable sencillo.

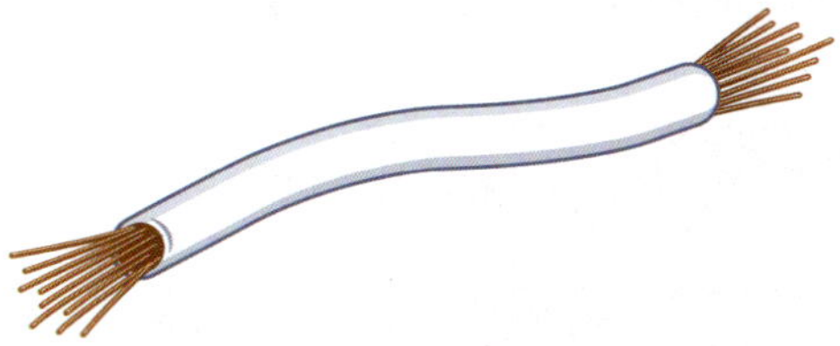

37 Juana tiene dos imanes. En uno de ellos aparece marcado el polo norte y el polo sur, pero en el otro no. ¿Cómo podría saber cuáles son los polos del otro imán?

38 Si dispones de varios clips metálicos, ¿cómo puedes distinguir entre una barra imantada y una sin imantar? ¿Y si no dispones de ningún objeto metálico pero tienes una cuerda?

Pista: Recuerda que un imán que se puede mover libremente se comporta como si fuera una brújula.

39 ¿Qué le ocurre a la brújula cuando pasa corriente eléctrica por el circuito que se halla a su lado? ¿Cómo se llama este fenómeno?

smSaviadigital.com

VALORA LO APRENDIDO Comprueba lo que sabes en la **autoevaluación**.

Ponte a prueba

Investiga ▸ El electromagnetismo

Ana está hecha toda una Faraday y decide investigar con imanes, una bobina y un galvanómetro, que es un aparato que detecta y mide la corriente. Estas son las variantes que ha probado.

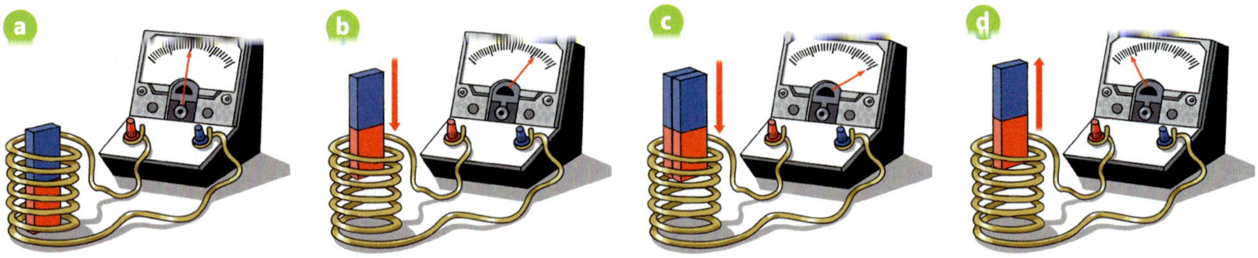

1 Observa las imágenes. Copia y completa la tabla con los resultados.

Montaje	Acción	¿Se genera corriente? ¿Mucha o poca?
a	Imán quieto y dentro de la bobina	●●●
b	Metiendo un imán	●●●
c	Metiendo dos imanes	●●●
d	Sacando el imán	●●●

2 ¿Qué crees que ocurrirá si Ana mete dos imanes y el doble de rápido?

A. Se generará un poco más de corriente que en el caso c.

B. Se generara cuatro veces más corriente que en el caso b.

C. No se generará corriente, porque se anulan los efectos.

D. Se generará la misma corriente que en el caso c; la velocidad no influye.

Interpreta gráficas ▸ Los aerogeneradores y la corriente eléctrica

En vez de mover imanes o bobinas con la mano para generar electricidad, podemos utilizar aerogeneradores en los que el viento mueve grandes electroimanes dentro de bobinas gigantescas.

Estas gráficas representan la velocidad del viento en tres lugares diferentes.

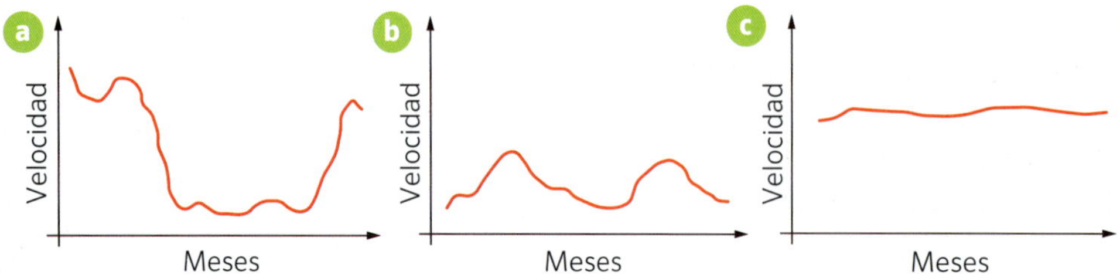

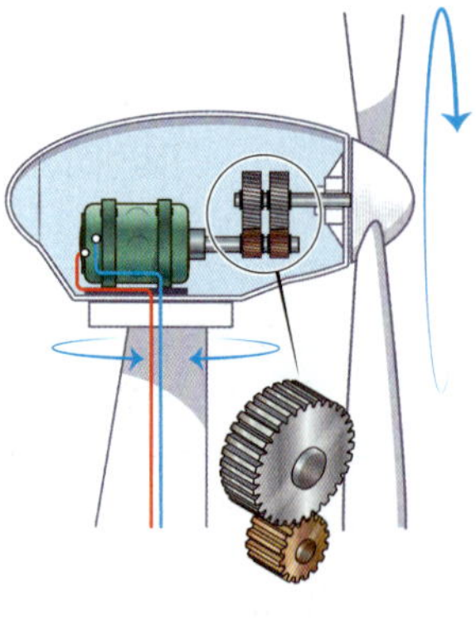

1 ¿En qué lugar instalarías los aerogeneradores? Explica por qué.

Analiza una tabla ▸ El consumo de electricidad y las bombillas

Isabel quiere comprar una bombilla para su habitación. El vendedor le ofrece varias posibilidades. Para elegir debe valorar el coste de la bombilla, el gasto energético y, además, tener en cuenta el medioambiente, ya que sabe que si el consumo es mayor, se gasta más electricidad.

* Valores aproximados.

			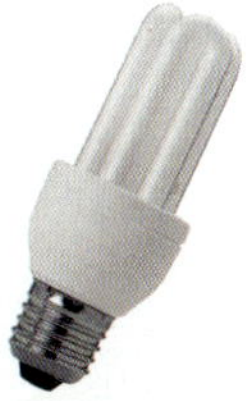	
	Tradicional	Halógena	Bajo consumo	LED
Coste *	1 €	3 €	6 €	30 €
Consumo energético por segundo* (se mide en vatios)	100 vatios	70 vatios	40 vatios	20 vatios
Vida útil de la bombilla	1.000 horas	3.000 horas	3.000 horas	Alrededor de 40.000 horas

1. Analiza la tabla. ¿Qué bombilla es la más barata? ¿Cuál consume menos energía? ¿Cuál dura más?
2. ¿Qué bombilla crees que debería elegir Isabel? Explica por qué.

Tarea final Elabora un informe sobre un experimento

Comprobar científicamente un hecho nos ayuda a entenderlo mejor.

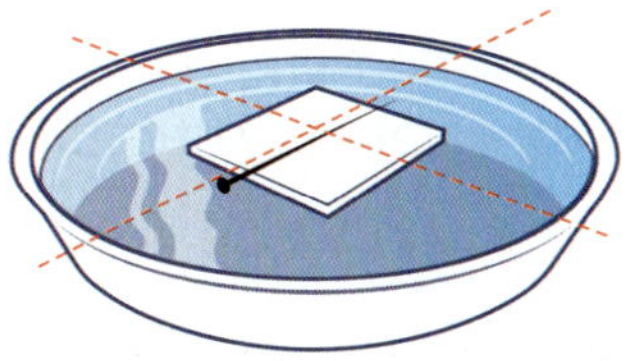

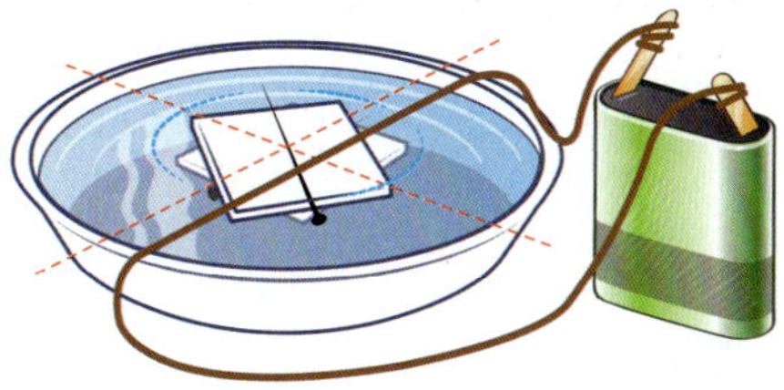

PASO 1 Recupera la brújula del Taller de Ciencias. Quítale el hilo y colócala en un plato hondo con agua. Comprueba que gira buscando siempre el norte.

PASO 2 Marca en el borde del plato los cuatro puntos cardinales.

PASO 3 Por grupos, comprobad el experimento de Oersted: unid un cable a los polos de una pila y pasadlo por encima del plato. ¿Qué ocurre? ¿Y si el cable da dos vueltas al plato? ¿Y si da tres vueltas?

PASO 4 Incluid vuestras observaciones en una tabla y preparad un informe con los resultados.

	Resultado
Cuando el cable da una vuelta	•••
Cuando el cable da dos vueltas	•••
Cuando el cable da tres vueltas	•••

smSaviadigital.com

VALORA LO APRENDIDO ¿Cómo has trabajado en esta tarea?

TU REVISTA

Blog

Un metal muy interesante

Los metales son materiales que se mezclan muy bien. El resultado es otro metal cuyos componentes no se distinguen a simple vista. Estas mezclas se llaman aleaciones.

El bronce es una aleación de cobre con otro metal que, a menudo, suele ser el estaño. Se trata de una aleación muy resistente que se utiliza, por ejemplo, para fabricar piezas de maquinaria sometidas a un gran uso.

El bronce fue la primera aleación importante utilizada por el ser humano. Incluso llegó a dar nombre a un período de la Prehistoria: la Edad del Bronce. Durante mucho tiempo, se usó para fabricar armas, joyas, estatuas y utensilios de todo tipo.

¿El bronce es una mezcla homogénea o heterogénea?

La luz que llega con retraso

La luz viaja tan rápido por el espacio que parece que va de un punto a otro al instante, pero no es así. Cuando la distancia es muy larga, la luz tarda un tiempo considerable. Así, emplea más de ocho minutos en llegar desde el Sol a la Tierra, y varios años en llegar hasta nosotros desde cualquier otra estrella. Esto significa que la luz que procede de una estrella salió de allí hace muchos años, y es posible que, cuando miramos al cielo por la noche, muchas de las estrellas cuya luz vemos hayan desaparecido hace un montón de tiempo.

¿Cómo se propaga la luz?

¿Por qué decimos que la Tierra se comporta como un gigantesco imán?

Animales que vuelven a casa solos

Muchos animales aprovechan que la Tierra se comporta como un gigantesco imán. Este hecho les sirve para orientarse.

Es el caso de las palomas mensajeras. En el cerebro de estas aves hay pequeñas sustancias magnéticas que actúan como una brújula. Gracias a este sistema, las palomas pueden orientarse en desplazamientos largos y cuando las condiciones de visibilidad son escasas.

¿De dónde proviene la palabra "magnetismo"?

¿Un tren como una alfombra mágica?

Pues existe. Se trata de un tren que utiliza un sistema que aprovecha el magnetismo. Los vagones tienen electroimanes en su parte inferior y los carriles también son electroimanes, con el polo del mismo tipo que los de los vagones. Como los polos del mismo signo se repelen, el tren queda suspendido sobre los raíles, y puede moverse, suavemente y sin ruido, a gran velocidad (hasta 600 kilómetros por hora).

Japón empezó a usar este sistema en noviembre del 2014, aunque se estima que no estará totalmente operativo hasta dentro de unos años.

¿Qué es el equilibrio térmico?

¡El hielo que da calor!

Si ponemos en contacto un cubito de hielo que está a 0 °C con otro que está a -10 °C, los dos acaban a -5 °C. ¿Qué ha ocurrido? Aunque no lo parezca, el cubito de hielo a 0 °C da calor al de -10 °C hasta que se alcanza el equilibrio térmico. ¡Y eso que a nosotros nos parece que está helado!

El límite más bajo de temperatura que se puede alcanzar es -273 °C. A esta temperatura se la llama cero absoluto.

¿Cómo se llaman los aparatos que generan electricidad a partir del movimiento?

¿Un tiovivo para producir electricidad?

Es lo que se preguntó el ingeniero Ben Markham, que estaba trabajando de voluntario en África. Allí los alumnos que quieren hacer sus deberes a menudo no tienen luz en sus casas.

A Markham se le ocurrió idear unos tiovivos que funcionan como un molino de viento y producen energía cuando los niños juegan en ellos. Al hacerlos girar, se genera energía que se utiliza para cargar linternas LED con hasta cuarenta horas de autonomía. Así, los alumnos pueden tener luz en la escuela o en su casa.

Comprueba lo que has aprendido

Test

¿Recuerdas todo lo que has aprendido durante este trimestre? Compruébalo en este test.

1. ¿Qué cambios de estado se indican?

A. a. condensación; b. vaporización; c. solidificación; d. fusión
B. a. fusión; b. vaporización; c. solidificación; d. condensación
C. a. solidificación; b. fusión; c. condensación; d. vaporización
D. a. fusión; b. vaporización; c. condensación; d. solidificación

2. Estas piedras del río forman...

A. una sustancia pura.
B. varias sustancias puras.
C. una mezcla homogénea.
D. una mezcla heterogénea.

3. ¿Qué método usarías para separar una mezcla heterogénea de un líquido y un sólido?

A. Evaporación
B. Decantación
C. Filtración
D. Destilación

4. ¿Qué reacción química tiene lugar en ausencia de oxígeno?

A. Oxidación
B. Fermentación
C. Combustión
D. Ninguna de ellas

5. ¿Qué propiedad de la luz nos resulta de utilidad para la fabricación de espejos?

A. Refracción
B. Reflexión
C. Condensación
D. Dispersión

6. Si un circuito eléctrico está abierto, la corriente eléctrica...

A. circula y los aparatos funcionan.
B. no circula y los aparatos no funcionan.
C. circula y los aparatos no funcionan.
D. no circula y los aparatos funcionan.

7. ¿Qué material no es buen aislante eléctrico?

A. a B. b C. c D. d

8. ¿Qué ocurrirá al acercar estos imanes?

A. Se repelerán.
B. Se atraerán.
C. Ni se atraerán ni se repelerán.
D. Cambiarán de color.

9. Los generadores electromagnéticos...

A. miden el magnetismo terrestre.
B. producen electricidad.
C. producen magnetismo.
D. sirven para orientarnos.

smSaviadigital.com REPASA

Las propiedades de la luz

Iván ha asistido a un espectáculo de magia. El mago ha conseguido que un globo explotara sin tocarlo. Intrigado, Iván ha hecho varios experimentos para averiguar cómo lo ha logrado.

1. Copia en tu cuaderno estas situaciones y completa la trayectoria de los rayos al atravesar las lentes.

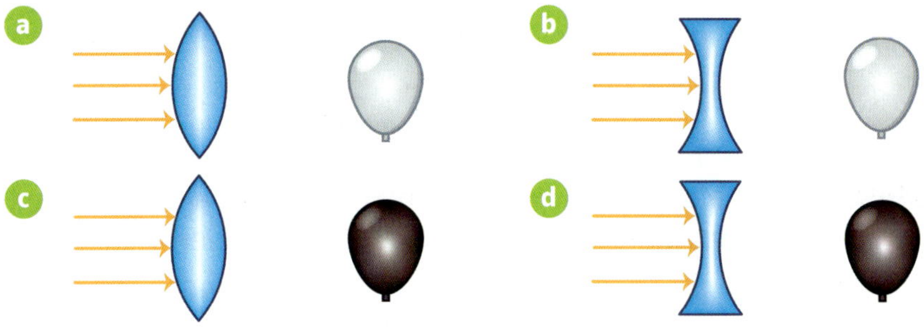

2. Copia y completa la tabla en tu cuaderno.

	¿Sí o no?
Todas las lentes concentran los rayos y los globos explotan.	●●●
Las lentes A y C son las que concentran los rayos y los dos globos explotan.	●●●
Las lentes C y D logran explotar los globos porque estos son negros y absorben los rayos.	●●●
El único globo que estalla es el C, porque la lente concentra los rayos y el color negro los absorbe.	●●●

Dibuja un circuito

Para representar un circuito eléctrico se utilizan unos símbolos muy sencillos. De esta forma, cualquier persona que vea el dibujo sabrá cómo construir el circuito. Fíjate en algunos de los símbolos más frecuentes y observa cómo se usan.

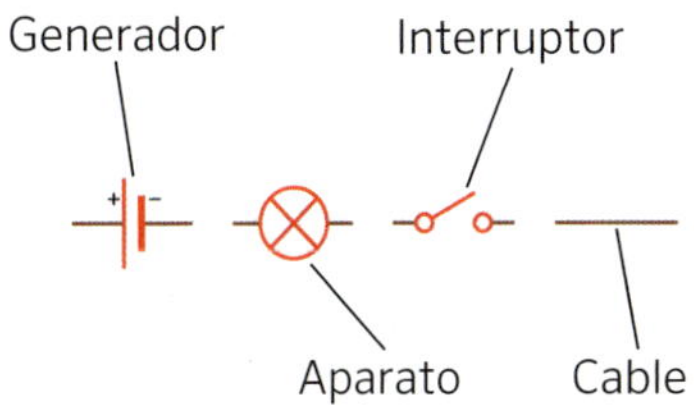

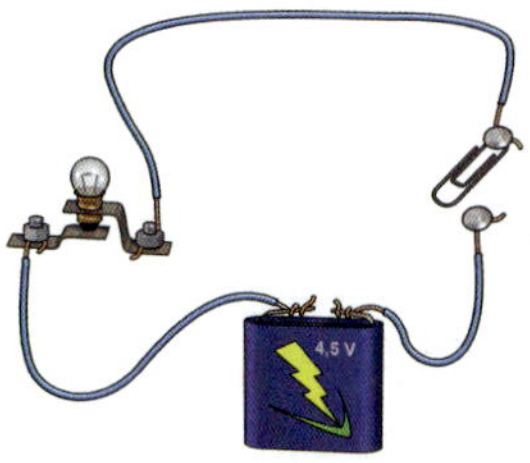

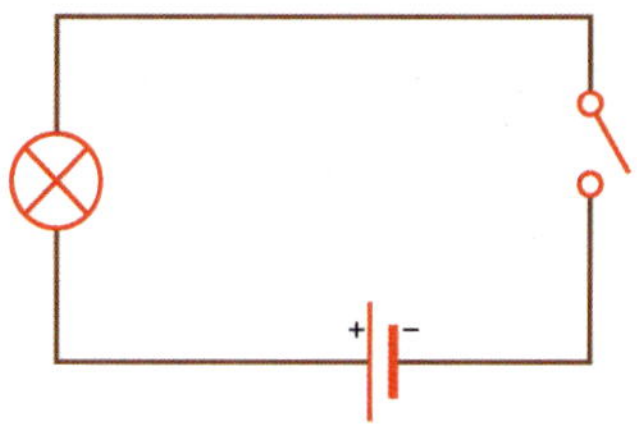

1. Diseña y dibuja un circuito para iluminar el árbol de Navidad. Debe constar de cinco bombillas, una pila, cables y un interruptor.

2. Transforma tu circuito sustituyendo los dibujos por los símbolos correspondientes.

Una historia por investigar

PROYECTO TRIMESTRAL
Descubrimos la historia

El camino de la electricidad

¿Sabes cuál es la energía más utilizada en el mundo? Exacto, lo has adivinado, la energía eléctrica. Pero ¿ha sido siempre así? ¿Cómo hemos usado la electricidad a lo largo del tiempo? Vamos a hacer memoria.

La palabra electricidad proviene del griego “elektron”, y significa ámbar. Los griegos se dieron cuenta de que, al frotarlo, este material atraía a otros cuerpos. Por eso llamaron elektron a este efecto. Esto ocurría hacia el año 600 a. C. Hoy día frotamos globos para repetir el experimento.

Ámbar

Pila de Volta

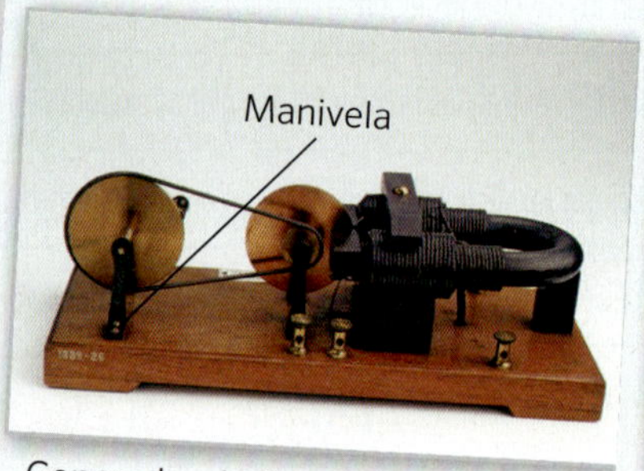

Generador de Faraday

Bombilla de Edison

Mucho más tarde, en el siglo XVIII, ocurrieron dos hechos importantes: Benjamín Franklin demostró, con un experimento muy famoso en el que usó una cometa, cómo la electricidad estática era conducida a través de un hilo desde un rayo hasta una llave que tenía en su mano; y también clasificó los cuerpos como conductores o aislantes de la electricidad.

Ya en el siglo XIX, Alessandro Volta construyó la primera pila utilizando cinc, cobre y papel humedecido. Gracias a la pila, se descubrió la relación entre la electricidad y el magnetismo, y Faraday pudo inventar el generador eléctrico. Finalmente, otro hito en la historia de la electricidad fue la invención de la bombilla eléctrica por Thomas Alva Edison en 1878, lo que permitió extender la luz eléctrica por todo el mundo.

Los grandes inventores que hemos visto se hicieron muchas preguntas y utilizaron para responderlas el método de trabajo científico. Sigue sus pasos y conviértete en un investigador como ellos.

¿CÓMO AFECTARÁN A UN CIRCUITO ELÉCTRICO LOS CAMBIOS DE SUS COMPONENTES?

PASO **1** **Observar.** Fíjate bien en las siguientes imágenes.

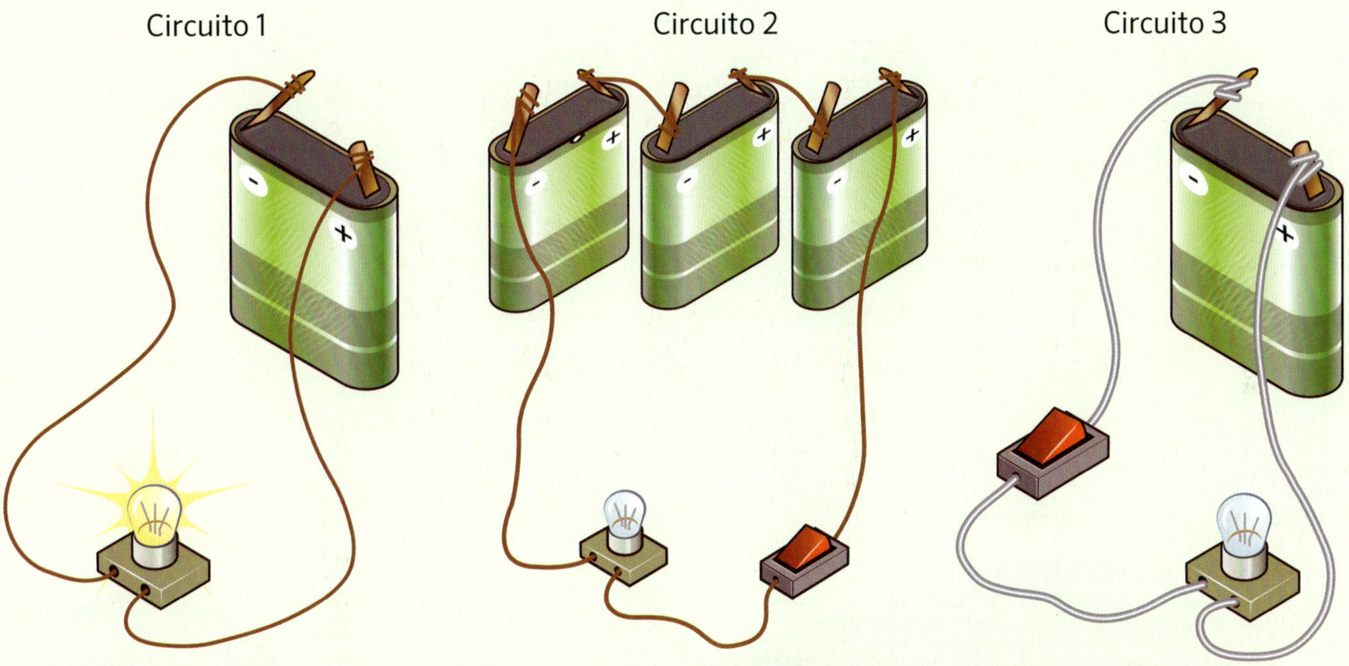

PASO **2** **Elaborar una hipótesis.** ¿Cómo y por qué ocurren las cosas? Idea una explicación sobre lo que crees que sucederá en cada circuito y construye una tabla para reflejar los datos. Fíjate en el ejemplo:

	OBSERVACIÓN	EJEMPLOS DE HIPÓTESIS
CIRCUITO 1	Veo un circuito eléctrico sencillo en el que no existe interruptor.	Pienso que la luz se apagará al cabo de un tiempo.
CIRCUITO 2	Aparece el circuito anterior, pero con tres pilas y un interruptor.	Pienso que la luz durará más tiempo, porque hay tres pilas, pero la bombilla lucirá igual porque es la misma.
CIRCUITO 3	Aparece el circuito completo, pero el cable de cobre ha sido sustituido por cable de plástico.	Pienso que la luz circulará a distinta velocidad al cambiar el cobre por plástico.

PASO **3** **Experimentar.** Construye con tu grupo un circuito similar y comprueba cómo le afectan los cambios de sus componentes.

PASO **4** **Validar la hipótesis o rechazarla.** Después, piensa en si tus previsiones se cumplen siempre, solo algunas veces o nunca.

PASO **5** **Extraer conclusiones.** A partir de tu investigación, puedes presentar tus conclusiones mediante un esquema de procesos.

Locos por la ciencia

Anton van Leeuwenhoek, un comerciante de telas holandés muy manitas, se dedicó a fabricar lentes con las que construía microscopios. Con ellos, a finales del siglo XVII, logró aumentar las imágenes hasta 270 veces.

En su época se creía que muchas formas de vida podían surgir de la materia en descomposición debido a la llamada "fuerza vital". Era la teoría de la generación espontánea. Con el microscopio y la observación Leeuwenhoek puso en duda dicha idea.

Además, en gotas de agua procedentes de un estanque observó seres vivos más pequeños a los que denominó "animáculos". Hoy día los llamamos microorganismos, como los protozoos y las bacterias.

1. Señala si las siguientes conclusiones son verdaderas o falsas.

	Verdadera/Falsa
Las pulgas se reproducen por huevos.	●●●
Las bacterias y los protozoos se generan espontáneamente en el caldo.	●●●
Los microorganismos están en el aire.	●●●
El calor mata los microorganismos.	●●●

2. ¿Podría haber demostrado Pasteur su teoría sin el microscopio? Explica por qué.

3. Pasteur finalmente mató la "fuerza vital". ¿A qué nos referimos con esta afirmación?

   A. A que el fuego elimina la "fuerza vital".

   B. A que con su experimento demostró, por fin, que la teoría de la generación espontánea era falsa.

   C. A que la fuerza vital había muerto debido a que observó el caldo al microscopio.

Servet ... y la circulación pulmonar

Miguel Servet fue un teólogo y científico español del siglo XVI. Empezó estudiando Letras, y ya era mayorcito cuando decidió estudiar Medicina. A su familia la apodaban "Revés". ¿Le influiría ese apodo en su vida? Veamos...

En sus estudios, Servet observó que la sangre presentaba dos colores: la que llegaba a los pulmones procedente del corazón era de color rojo oscuro, y la que salía de los pulmones hacia el corazón era de color rojo vivo.

Además, al diseccionar el corazón observó que, en contra de lo que se creía en aquella época, la parte izquierda y la derecha estaban separadas por un tabique y no se comunicaban.

Así descubrió que había una circulación menor o pulmonar, que llevaba la sangre desde el corazón a los pulmones y de estos al corazón. Esta sangre "purificada" (con oxígeno), de color rojo vivo, era impulsada desde el corazón al resto del cuerpo mediante la circulación mayor o general.

A la vez que ejercía de médico de un arzobispo, escribió un libro de teología que más tarde le trajo muchos problemas. En él aparecían los dibujos de sus descubrimientos sobre la circulación de la sangre.

Analizamos … el aire espirado

Disolvemos una cucharada de cal en agua y filtramos la mezcla para quitar los posos y que el líquido quede claro.

Con el aire normal inyectado por la bomba de la bicicleta, el agua con cal no cambia.

Con el aire espirado, el agua con cal se enturbia porque reacciona con el dióxido de carbono que expulsan los pulmones.

1. ¿De dónde procede el dióxido de carbono que expulsamos al respirar y que enturbia el agua con cal del experimento? Relaciónalo con la doble circulación de la sangre que descubrió Miguel Servet.

2. Copia y completa el dibujo de Servet de la página anterior poniendo flechas para indicar el sentido de la circulación sanguínea.

Semmelweis ... el salvador de las madres

Ignác Semmelweis nació en Budapest, Hungría, en 1818. Fue a la escuela y después, a la universidad. Su padre, que tenía una tienda, quería que estudiara Derecho, pero él prefirió estudiar Medicina en Viena, la capital de Austria.

Entró a trabajar como ayudante en la maternidad de un famoso hospital y se dio cuenta de que, tras el parto, muchas mujeres tenían fiebre muy alta y fallecían.

Al estudiar los registros de los nacimientos y las muertes de madres tras el parto, se dio cuenta de que el número de fallecimientos de la sala atendida por los estudiantes de medicina triplicaba al de la sala atendida por las comadronas.

Semmelweis observó que, en las clases, los estudiantes realizaban autopsias de cadáveres y que después ayudaban a atender los partos. Pensó que la suciedad en las manos de los estudiantes podía ser la causa de esta mayor mortandad.

A la vuelta de un viaje por Europa, Semmelweis se enteró de que un médico se había cortado durante una autopsia y que, unos días después, había muerto con los mismos síntomas que presentaban las mujeres fallecidas tras el parto.

Cuando regresó al hospital tuvo una idea: obligó a los estudiantes a lavarse las manos después de las autopsias, y logró reducir muchísimo la mortalidad de las mujeres. Pero los otros médicos despreciaron su investigación y con solo 30 años de edad, Semmelweis fue despedido.

Semmelweis abandonó el hospital de Viena. Volvió a Budapest y murió a los 47 años en la pobreza. Más tarde se reconoció su labor y se erigió un monumento en su honor.

Quince años después de la muerte de Semmelweis, Louis Pasteur descubrió que la causante de las muertes era una bacteria: el estreptococo. Demostró así que Semmelweis tenía razón. A partir de entonces, los médicos comenzaron a emplear la limpieza y la desinfección como medidas de prevención.

1. Esta gráfica representa el número de mujeres fallecidas por cada 100 partos en el hospital de Viena, según la sala donde eran atendidas. Copia y completa la tabla en tu cuaderno para indicar quién atendía cada sala.

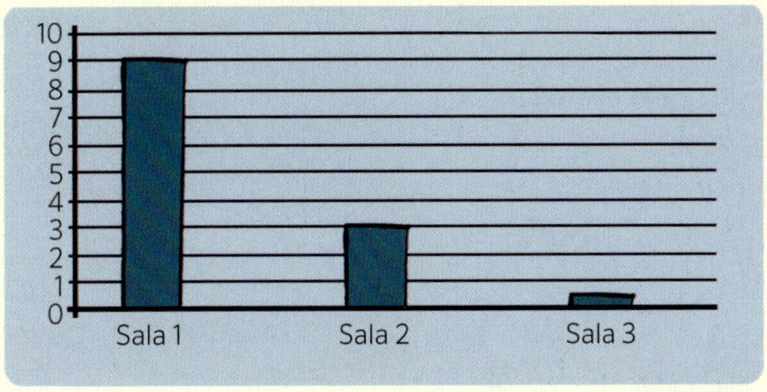

	Número de la sala
Sala atendida por comadronas	•••
Sala del Dr. Klein	•••
Sala del Dr. Semmelweis (al lavarse las manos)	•••

2. ¿Por qué crees que hay que hervir los biberones de los bebés?

Fleming ... y la penicilina

Fleming puso a disposición de todo el mundo su medicamento para que se pudiera producir de forma económica. Así podría ayudar a todas las personas enfermas que lo necesitaran.

1. Un laboratorio va a probar la eficacia de tres nuevos antibióticos. Para ello, los colocan sobre un cultivo de bacterias y esperan unos días.

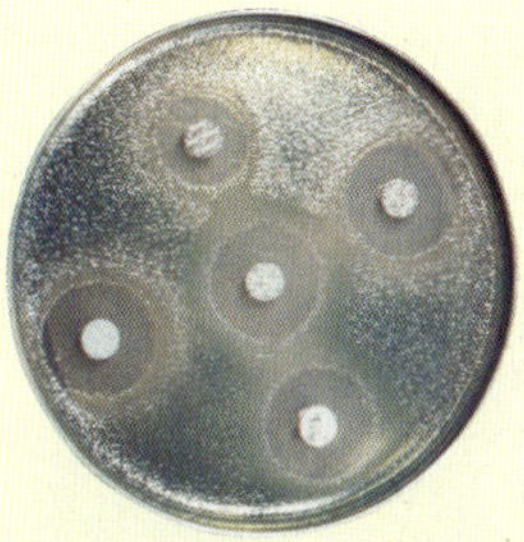

¿Qué antibiótico crees que será el menos eficaz contra esas bacterias? ¿En qué te has fijado para averiguarlo?

2. Descubre cuál de estas cuatro afirmaciones sobre las bacterias es falsa y corrígela en tu cuaderno.
   - A. Son seres vivos.
   - B. Son microscópicos.
   - C. Todas son dañinas.
   - D. No tienen núcleo definido.

3. ¿Qué diferencia hay entre una bacteria y un hongo? ¿Y entre una bacteria y un protozoo?

4. Los hongos estropean los alimentos, que se ponen mohosos, y algunos causan enfermedades de la piel, pero ¿son todos perjudiciales? Pon ejemplos para explicarlo.

Lavoisier ...y la pasión por la investigación

Antoine-Laurent de Lavoisier nació en París en 1743. Estudió Ciencias, su verdadera pasión, pero también Derecho, la obsesión de su padre.

A los 28 años se casó con la joven Marie Paulze. Marie se interesó mucho por la ciencia y le ayudaba en sus investigaciones.

Lavoisier realizó numerosas investigaciones. Descubrió que hay un "aire vital" que provoca la combustión, y lo llamó oxígeno. Encontró otro aire que no reaccionaba, y lo llamó nitrógeno.

Además, midiendo con mucha precisión las masas en las reacciones, enunció su famosa ley: **"En toda reacción química, la masa se conserva".**

También investigó sobre la fermentación y sobre la respiración animal, y demostró que el aire que expulsamos de los pulmones es el mismo que se desprende al quemar carbón. Hoy sabemos que ese aire es un gas, el dióxido de carbono.

En 1789 se produjo la Revolución francesa y unos pocos años después, en 1794, Marat, un científico envidioso, provocó que Lavoisier fuera juzgado y condenado a muerte.

Un día después, el gran físico y matemático Lagrange pronunció una frase célebre:

Comprobamos ... la ley de la conservación de la masa

Realiza este montaje y pésalo antes y después de que ocurra la reacción química.

¿Qué ha sucedido? El vinagre reacciona con el bicarbonato y se forman nuevas sustancias. Entre ellas, un gas, el dióxido de carbono, que hincha el globo.

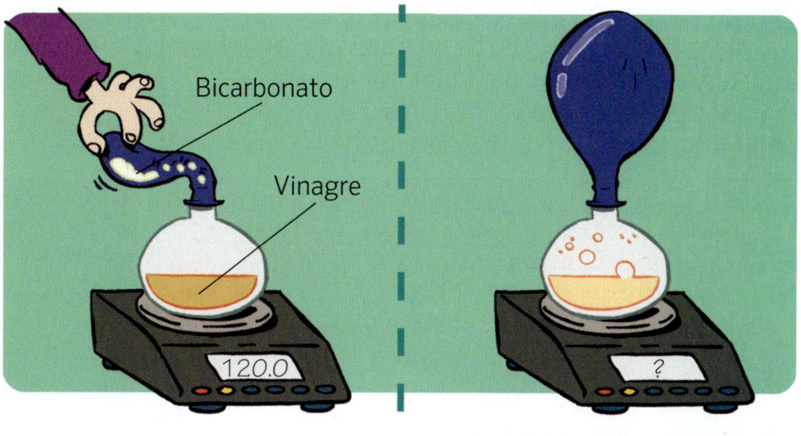

1. Observa el experimento. ¿Qué ocurrirá con la masa durante la reacción?
   A. Aumentará porque se hincha el globo.
   B. La masa total permanecerá constante.
   C. Disminuirá porque los gases pesan poco.

2. Piensa. Cuando un tronco arde, las cenizas pesan menos que el tronco. Si en una reacción química la masa se conserva, ¿dónde está la materia que se ha perdido?

3. ¿Se pueden deducir de los experimentos de Lavoisier estas conclusiones? Escribe en tu cuaderno SÍ o NO según corresponda.

	Sí/No
El aire es el oxígeno.	●●●
La masa en las reacciones químicas se conserva.	●●●
La combustión y la respiración son dos formas de oxidación, pues ambas necesitan el oxígeno.	●●●

Edison ... y la bombilla

En 1855, a los ocho años, Thomas Alva Edison empezó a ir a la escuela. A los tres meses, regresó un día a su casa llorando porque su maestro le había dicho que era un alumno torpe y que no ponía ningún interés.

A los 12 años, Edison vendía periódicos en una estación de tren, y entre tren y tren, leía libros de Ciencias y hacía experimentos en un vagón abandonado. Aunque esto le dio problemas...

Un día salvó la vida al hijo de un telegrafista que había caído en las vías del tren y el padre, agradecido, le enseñó el oficio. Así, Edison se empezó a interesar por la electricidad.

En su época ya se sabía cómo grabar las vibraciones del sonido en un cilindro de cera, pero Edison fue capaz de reproducir esos sonidos. Así inventó el fonógrafo.

Cómo funciona … una bombilla

Para que una bombilla se encienda hace falta un circuito eléctrico: una pila que suministre energía, unos cables conductores… y la bombilla, ¡claro! Pero ¿cómo es por dentro? Al pasar por un material conductor, la corriente eléctrica hace que este se caliente. Si es muy fino, se calienta mucho hasta ponerse al rojo vivo… ¡y emite luz!

El problema de Edison era que para que emitiese más luz, el filamento tenía que estar muy caliente, y entonces, en contacto con el oxígeno del aire, se fundía o ardía. Para evitarlo, las bombillas tienen una ampolla de cristal en cuyo interior no hay aire.

Si no se calienta lo suficiente, emite poca luz.

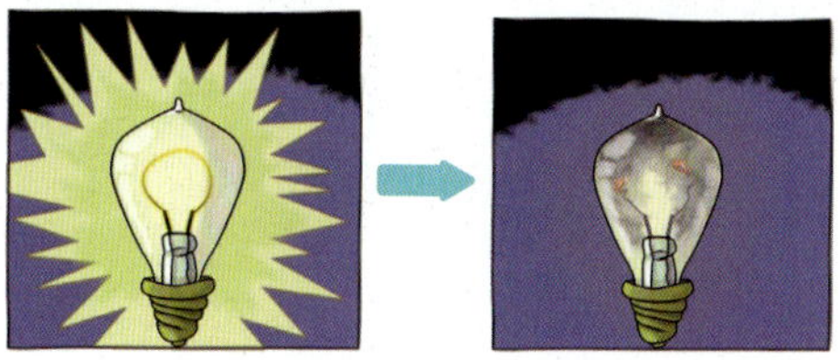
Si se calienta mucho, ilumina más, pero se funde.

Si elimino el aire del interior, ya no se funde tan fácilmente.

1. Como sabes, el calor produce en la materia dilataciones y cambios de estado. ¿Qué otro efecto del calor puedes observar en una bombilla?
2. ¿Qué energía hay que suministrar a la bombilla para que luzca? ¿En qué se transforma esa energía?
3. ¿Qué ocurrirá si entra aire en una bombilla?
   A. Lucirá, pero con menos intensidad.
   B. Arderá al contacto con el oxígeno del aire y se fundirá.
   C. No le pasará nada, porque el filamento es metálico.

+Contenidos

El ser humano y la salud

Las tres funciones vitales

Imagina que el robot y Jaime se retan a echar una carrera. ¿Qué crees que necesita el robot para poder correr y llegar a la meta antes que Jaime? ¿Qué necesita Jaime?

Para funcionar, el robot necesita energía, unas piezas que le sostengan, sensores que le suministren información , circuitos electrónicos... Las personas somos seres vivos y realizamos las funciones vitales de **nutrición**, **relación** y **reproducción** y, para ello, necesitamos órganos y aparatos que trabajen de forma coordinada.

El cuerpo humano y la nutrición

Para que podamos realizar la función de nutrición es necesario que intervengan varios aparatos:

- El **aparato digestivo** transforma los alimentos en sustancias más sencillas que el organismo puede aprovechar. El estómago y los intestinos son órganos del aparato digestivo.
- El **aparato respiratorio** toma del aire el oxígeno que necesitamos y expulsa dióxido de carbono. Los pulmones y la tráquea son órganos del aparato respiratorio.
- El **aparato circulatorio** lleva sangre con oxígeno y sustancias nutritivas a todo el organismo y recoge desechos y dióxido de carbono. El corazón es un órgano que forma parte del aparato circulatorio.
- El **aparato excretor** limpia la sangre de sustancias de desecho. Los riñones son órganos del aparato excretor.

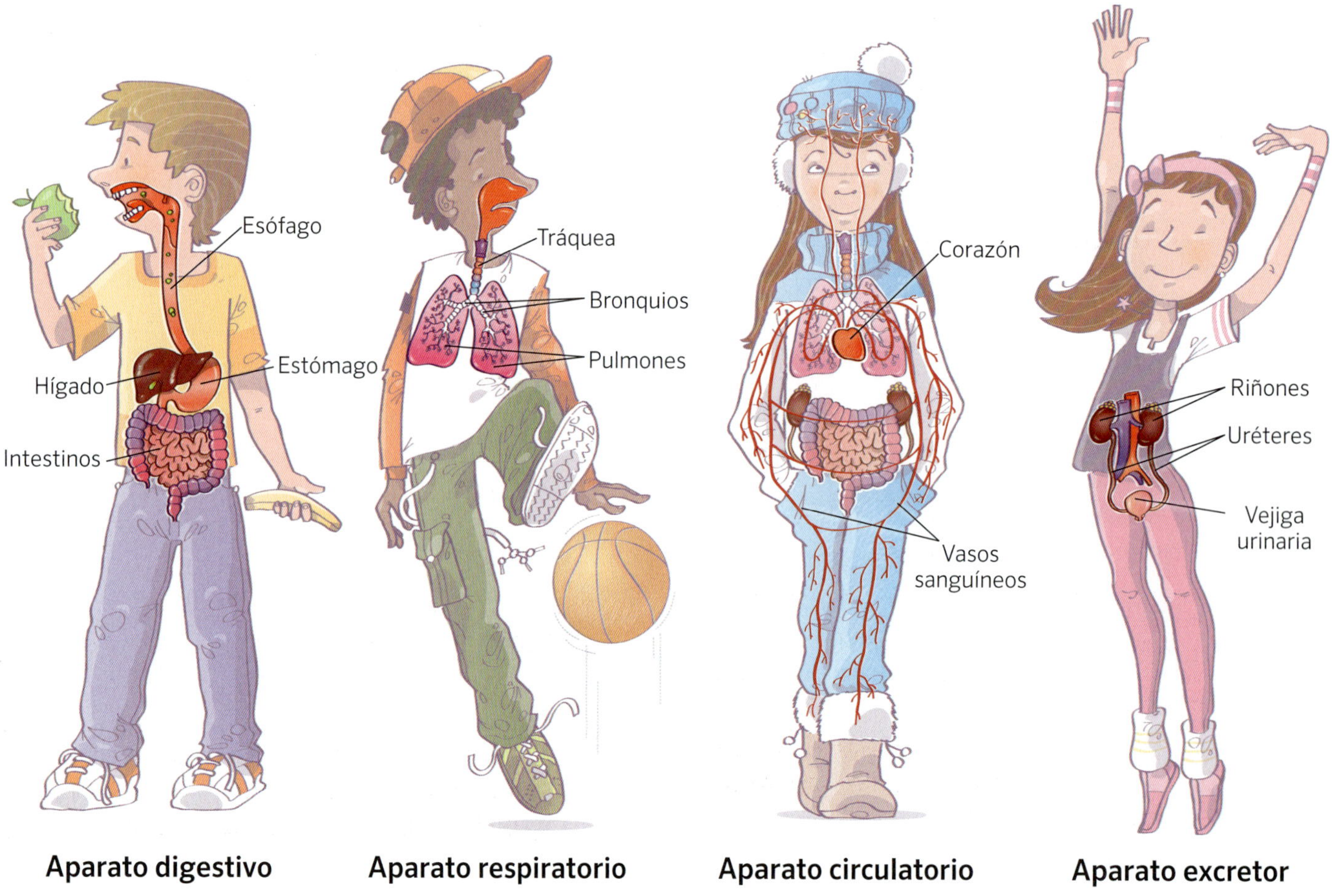

El ser humano y la relación

La función de relación nos permite captar lo que ocurre a nuestro alrededor y reaccionar ante esa información. Para poder realizarla intervienen estos órganos, aparatos y sistemas:

- Los **órganos de los sentidos**, como los ojos o los oídos, reciben información del exterior.
- El **sistema nervioso** recoge la información que aportan los órganos de los sentidos y elabora respuestas.
- El **aparato locomotor** ejecuta las respuestas que ordena el sistema nervioso y nos permite movernos.

El ser humano y la reproducción

Los seres humanos somos **vivíparos**, es decir, nacemos del vientre de nuestras madres.

En la reproducción interviene el aparato reproductor. Los aparatos reproductores de los hombres y de las mujeres son distintos. Los hombres tienen **aparato reproductor masculino** y las mujeres tienen **aparato reproductor femenino**.

La salud de nuestro organismo

Los aparatos y sistemas de nuestro organismo pueden enfermar. Para prevenirlo es conveniente seguir **hábitos de vida saludables**, como alimentarse de forma equilibrada, realizar ejercicio físico, cuidar la higiene, adoptar buenas posturas y relacionarnos con nuestros familiares y amigos.

- Las personas somos seres vivos y realizamos las funciones vitales: **nutrición**, **relación** y **reproducción**.
- Para realizar las funciones vitales intervienen distintos **órganos**, **aparatos** y **sistemas**.

¿Sabías que...?

Existen muchas maneras de mantener sano nuestro organismo

Las revisiones médicas periódicas y las vacunas nos ayudan también a mantener sano nuestro cuerpo. Además, debemos evitar el consumo de sustancias que pueden resultar nocivas para nuestra salud como, por ejemplo, las bebidas alcohólicas y el tabaco, y debemos prevenir posibles accidentes.

Actividades

1. Copia las dos columnas en tu cuaderno y relaciónalas mediante flechas.

	Aparato locomotor
Nutrición	Aparato digestivo
Relación	Aparato reproductor
Reproducción	Aparato circulatorio
	Órganos de los sentidos

2. ¿Qué crees que ocurriría en nuestro organismo si el aparato excretor no funcionara de forma correcta?

Relaciona

3. Actualmente está prohibido fumar en lugares públicos como comercios, cafeterías o colegios.
   a) ¿Por qué existe esta prohibición?
   b) ¿A qué aparato o sistema de nuestro organismo afecta, principalmente, el consumo de tabaco?
   c) Indica cómo le explicarías a una persona fumadora que fumar perjudica su salud y la de las personas que la rodean.

La función de relación

Vamos a hacer un experimento. Cierra los ojos, guarda silencio durante medio minuto y anota los sonidos que percibes. Trata de localizarlos y adivina a qué se deben.

Además de los sonidos, continuamente estamos recibiendo **información** del mundo que nos rodea. Así sabemos qué ocurre a nuestro alrededor y podemos **responder** a esa información de forma adecuada en cada momento.

La relación con nuestro entorno

La **función de relación** es la capacidad de **percibir estímulos** o **cambios** que ocurren a nuestro alrededor y de **elaborar respuestas**. En el organismo existen órganos especializados en captar estos estímulos: son los llamados **órganos receptores**.

Los seres vivos somos capaces de **controlar** y **coordinar** todas las actividades corporales mediante la función de relación. Observa en qué consiste esta función:

▶ Estímulo-sensación

Un **estímulo** es un cambio en el entorno o en nuestro cuerpo que nos provoca una **sensación**.

▶ Procesado de la información

La sensación que se ha provocado llega al cerebro. El cerebro la interpreta y elabora una **orden**.

▶ Respuesta

La orden se traduce en una **acción** mediante la cual nos adaptamos al cambio percibido.

Baja la temperatura y sentimos frío.

Se elabora la orden: abrigarse.

Nos abrigamos.

Los estímulos

Existen dos tipos de estímulos: internos y externos.

- Los **estímulos internos** son los cambios que ocurren en el **interior del organismo**. Los **órganos receptores** que captan estos estímulos están en el **interior** del **cuerpo**. Un ejemplo de estímulo interno es la falta de agua, que nos provoca la sensación de sed y nos hace beber.
- Los **estímulos externos** son los cambios que ocurren en el **exterior**. Los **órganos receptores** que captan estos estímulos son los **órganos de los sentidos**. Un ejemplo de estímulo externo es un ruido inesperado, que hace que nos giremos hacia donde se ha producido el ruido.

Las respuestas

Ante un estímulo interno o externo nuestro cerebro elabora una orden, que se traduce en una **respuesta** realizada por unos órganos llamados **órganos efectores**. Existen dos tipos de acciones o de respuestas: motoras y glandulares.

- Las **respuestas motoras** son los movimientos de los **músculos**, como cuando movemos la mano para coger un lápiz.
- Las **respuestas glandulares** consisten en la producción de ciertas sustancias por medio de unos órganos de nuestro cuerpo llamados **glándulas**. Por ejemplo, cuando olemos una comida que nos gusta, las glándulas salivales producen saliva.

Cuando queremos coger el balón, estiramos los brazos para atraparlo. Es una **respuesta motora**, ya que en ella intervienen los músculos.

Cuando sentimos calor, sudamos. Es una **respuesta glandular**, ya que el sudor se produce en las glándulas sudoríparas de nuestra piel.

- Los seres vivos **controlamos** y **coordinamos** todas nuestras actividades mediante la **función de relación**.
- La función de relación consiste en **percibir estímulos**, **procesar la información** y **producir respuestas**.

Actividades

1. Ordena las siguientes palabras: respuesta, estímulo, procesado de la información.
2. Indica en tu cuaderno si los siguientes ejemplos son estímulos internos o estímulos externos.
   - Picor
   - Hambre
   - Calor
   - Sueño
   - Olor a jabón
   - Agujetas
   - Dolor de cabeza
   - Lluvia
3. Escribe en tu cuaderno una respuesta para cada estímulo de la actividad anterior.
4. Indica en tu cuaderno si estas situaciones son respuestas motoras o glandulares.
   a) Sudamos después de correr.
   b) Encendemos la luz cuando la habitación está a oscuras.
   c) Nos detenemos y no cruzamos cuando vemos que el semáforo está en rojo.

Los órganos receptores

Con los ojos cerrados, mete la mano en el estuche e intenta sacar un lapicero rojo. El tacto te ayudará a diferenciar un lápiz de un bolígrafo o de un sacapuntas, pero no te dará información sobre el color.

Recibimos continuamente información del **interior** y del **exterior** de nuestro cuerpo. Captamos los estímulos externos mediante los **órganos de los sentidos**, cada uno de los cuales aporta un tipo de información diferente.

Los órganos de los sentidos

El ser humano tiene cinco sentidos: **olfato**, **gusto**, **tacto**, **vista** y **oído**. Cada sentido está localizado en un **órgano especializado**, que capta un determinado tipo de estímulo.

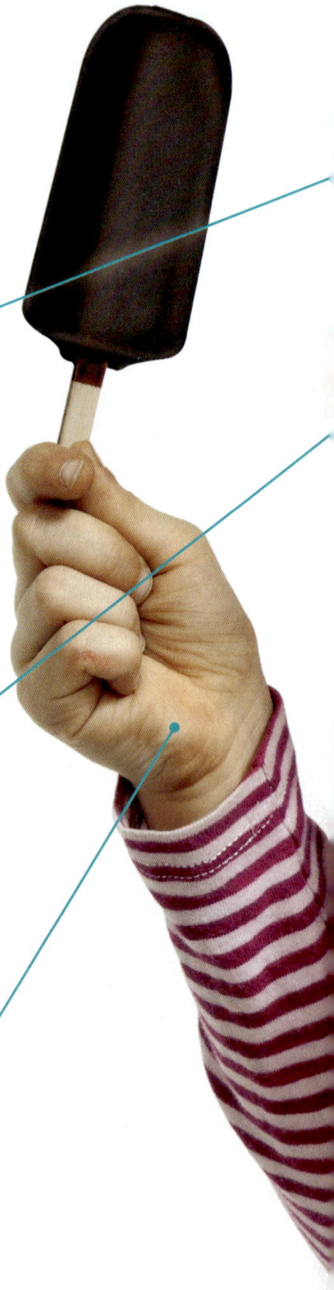

Sentido del olfato

Los receptores del olfato se encuentran en la **cavidad nasal**, en una zona que recibe el nombre de **pituitaria**. Estos receptores envían la información al cerebro.

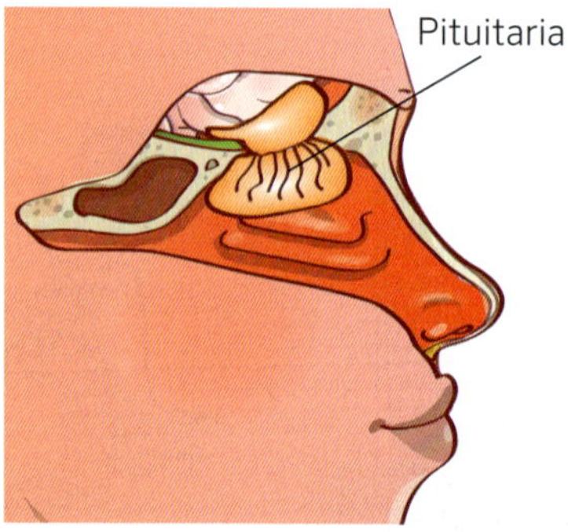

Sentido del gusto

Los receptores del gusto se encuentran en la **lengua**, en unos bultitos llamados **papilas gustativas**. Cada zona de la superficie de la lengua es sensible a un **sabor**. Las papilas gustativas envían la información al cerebro.

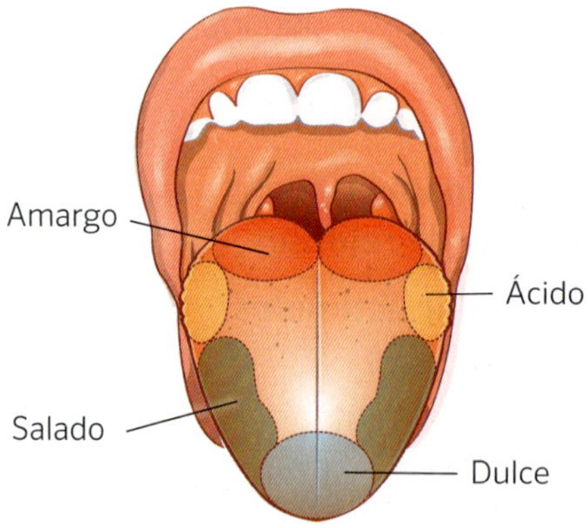

Sentido del tacto

Los receptores del tacto se encuentran en la parte inferior de la piel o **dermis**. Estos receptores captan la temperatura, la presión, el dolor y la textura de los objetos, es decir, si son lisos o rugosos. Luego, envían esa información al cerebro.

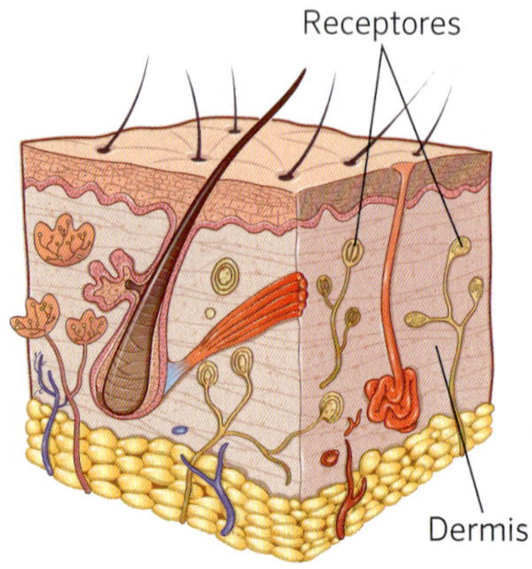

Sentido de la vista

Está en el **ojo**, que recoge los estímulos luminosos. La luz entra en el ojo por la **pupila**, atraviesa el **cristalino** y llega a la **retina**, que transmite los estímulos al cerebro a través del **nervio óptico**.

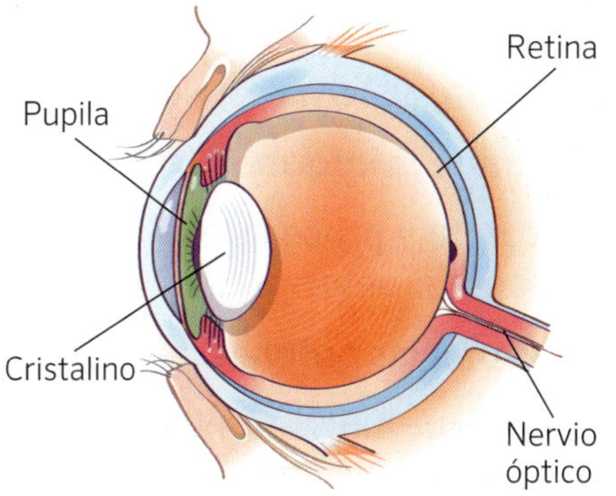

Sentido del oído

Está en el **oído**. Recoge estímulos sonoros. Desde la **oreja**, los sonidos recorren el **conducto auditivo**, llegan al **tímpano**, pasan por la **cadena de huesecillos** y llegan al **caracol** y al **nervio auditivo**, que los lleva al cerebro.

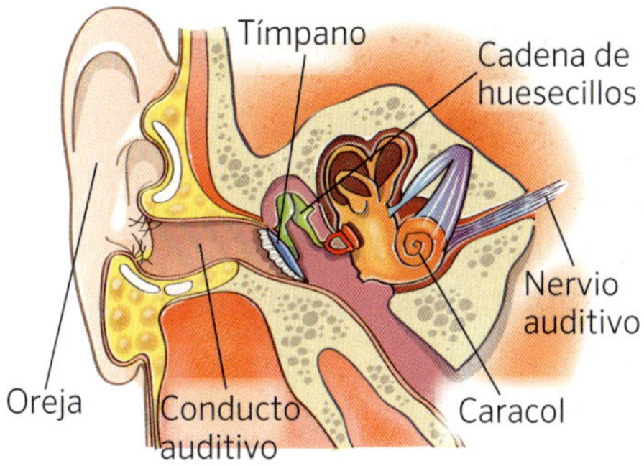

- Los **órganos de los sentidos** captan los estímulos del **exterior** de nuestro cuerpo.
- Los seres humanos tenemos cinco sentidos: el **olfato**, el **gusto**, el **tacto**, la **vista** y el **oído**.

Actividades

1. ¿Con qué sentido relacionas cada palabras?

   Pituitaria - Tímpano - Papila

2. ¿Qué diferencia existe entre la oreja y el oído?

El sistema nervioso

Si nos pinchamos con un cactus, retiramos la mano rápidamente. ¿Qué ha hecho posible que movamos la mano sin pensarlo?

El **sistema nervioso** ha recibido la información del pinchazo captada por los órganos receptores de la piel. Ha procesado la información y ha enviado la orden de retirar la mano a los órganos efectores.

Las funciones del sistema nervioso

El sistema nervioso transmite las órdenes a todo el organismo a través de unas señales llamadas **impulsos nerviosos**. Mediante estos impulsos, nuestro sistema nervioso realiza distintas funciones:

- **Transmite la información** que captan los órganos de los sentidos.
- **Interpreta y procesa** la información que le llega desde los sentidos y **elabora** órdenes.
- **Transmite las órdenes** hasta los órganos efectores.
- **Controla** el funcionamiento de los órganos vitales, como el latido del corazón, la digestión o la respiración.
- Interviene en el **razonamiento**, el **aprendizaje**, la **memorización** y los **sentimientos**.

Para poder cumplir esta gran variedad de funciones, el sistema nervioso tiene una estructura compleja. En él distinguimos los **centros nerviosos**, que forman el **sistema nervioso central**, y los **nervios**, que forman el **sistema nervioso periférico**.

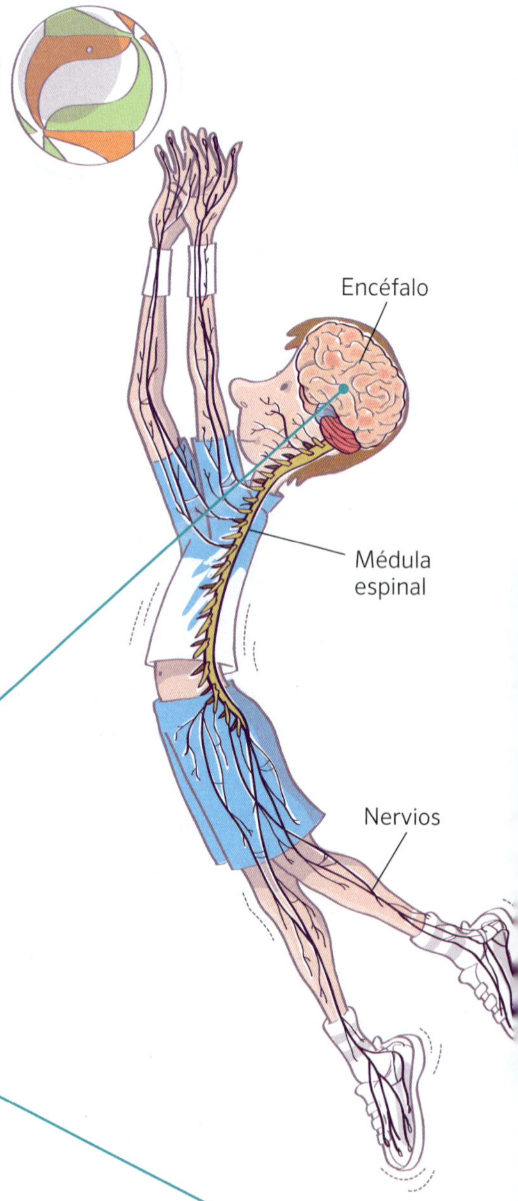

El sistema nervioso central

El **sistema nervioso central** se encarga de recibir e interpretar la información y de elaborar órdenes. Está formado por los centros nerviosos, que son la **médula espinal** y el **encéfalo**.

- La **médula espinal** está protegida por la **columna vertebral**. Elabora las respuestas automáticas y rápidas.
- El **encéfalo** se encuentra dentro del **cráneo**. Tiene tres partes: el **cerebro**, el **cerebelo** y el **bulbo raquídeo**.

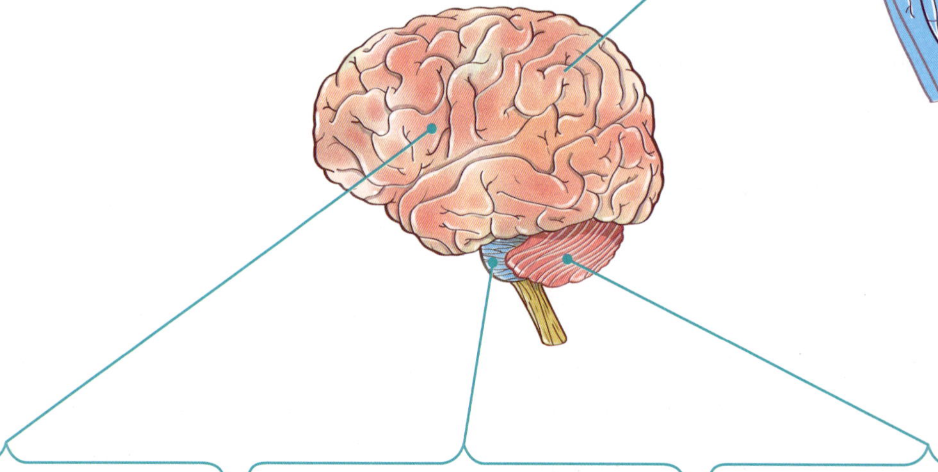

Cerebro. Elabora las respuestas voluntarias e influye en el pensamiento, la memoria y el lenguaje.

Bulbo raquídeo. Controla el funcionamiento de los órganos vitales, como el latido del corazón.

Cerebelo. Interviene en el equilibrio y en la coordinación de los movimientos.

El sistema nervioso periférico

El sistema nervioso periférico está formado por un conjunto de **nervios** que recorren todo el organismo y que se encargan de transmitir la información. Existen dos tipos de nervios: los **nervios sensitivos** y los **nervios motores**.

- Los **nervios sensitivos** transmiten la información desde los órganos de los sentidos y los órganos internos al sistema nervioso central.
- Los **nervios motores** transmiten las órdenes desde el sistema nervioso central a los músculos y las glándulas.

¿Sabías que...?

El sistema nervioso está formado por neuronas

Las neuronas son estructuras microscópicas que solamente existen en el sistema nervioso. Están preparadas para transmitir los impulsos nerviosos. Se relacionan unas con otras y forman cadenas o redes.

Movimientos involuntarios y voluntarios

Ante un estímulo, el sistema nervioso central reacciona con una orden que puede provocar **movimientos involuntarios** o **movimientos voluntarios**.

- En los **movimientos involuntarios** interviene la médula espinal, que origina respuestas automáticas y rápidas.
- En los **movimientos voluntarios** interviene el cerebro, que origina respuestas más lentas que las involuntarias.

Los **movimientos involuntarios** o **reflejos** se producen por acción de la **médula espinal**.

Los **movimientos voluntarios** se producen por la intervención del **cerebro**.

- El sistema nervioso **recoge información**, **elabora respuestas** y **transmite órdenes**.
- El sistema nervioso se divide en dos partes: el **sistema nervioso central** y el **sistema nervioso periférico**.

Actividades

1. Explica las partes del sistema nervioso central y la función de cada una de ellas.
2. Indica los tipos de nervios que existen y describe la función de cada uno de ellos.
3. Imagina que cogieras con la mano una taza muy caliente. ¿Qué pasaría?

   Dibuja en tu cuaderno el recorrido de la información, el recorrido de la orden y el recorrido de la respuesta.

Los órganos efectores

Observa tu mano derecha. Intenta mover cada dedo por separado. Une los dedos y sepáralos. ¿Qué ocurre?

Tu mano obedece fielmente tus órdenes. Para que esto suceda, tu sistema nervioso ha elaborado una orden que el órgano efector, en este caso tu mano, ha ejecutado.

Tipos de órganos efectores

Cuando nuestros **órganos receptores** perciben **estímulos**, el **sistema nervioso** reacciona y elabora la **orden** más adecuada. Esta orden se convierte en una respuesta ejecutada por los **órganos efectores**.

Las respuestas suelen consistir en un **movimiento**. En el ejemplo anterior, los órganos efectores pertenecen al **aparato locomotor**. Sin embargo, cuando la respuesta consiste en la producción de una **sustancia**, como el sudor, los órganos efectores son las **glándulas**.

El aparato locomotor

El aparato locomotor está formado por el **esqueleto**, los **músculos** y los elementos que los unen.

- El **esqueleto** es el conjunto de **huesos** que da forma al cuerpo y protege los órganos internos. Los extremos de los huesos están protegidos por los **cartílagos**, que son más flexibles.
- Los **músculos** son órganos capaces de contraerse y estirarse para mover los huesos. Se unen a los huesos mediante los **tendones**.

Las zonas de unión de los huesos se llaman **articulaciones**. Las articulaciones pueden ser:

- **Fijas**, como las de los huesos del cráneo, que no se mueven.
- **Semimóviles**, como las de las de los huesos que forman la columna vertebral, que tienen un movimiento limitado.
- **Móviles**, como la articulación del hombro, que tienen gran capacidad de movimiento.

En las articulaciones semimóviles y móviles, los huesos están sujetos por unos cordones fibrosos, los **ligamentos**.

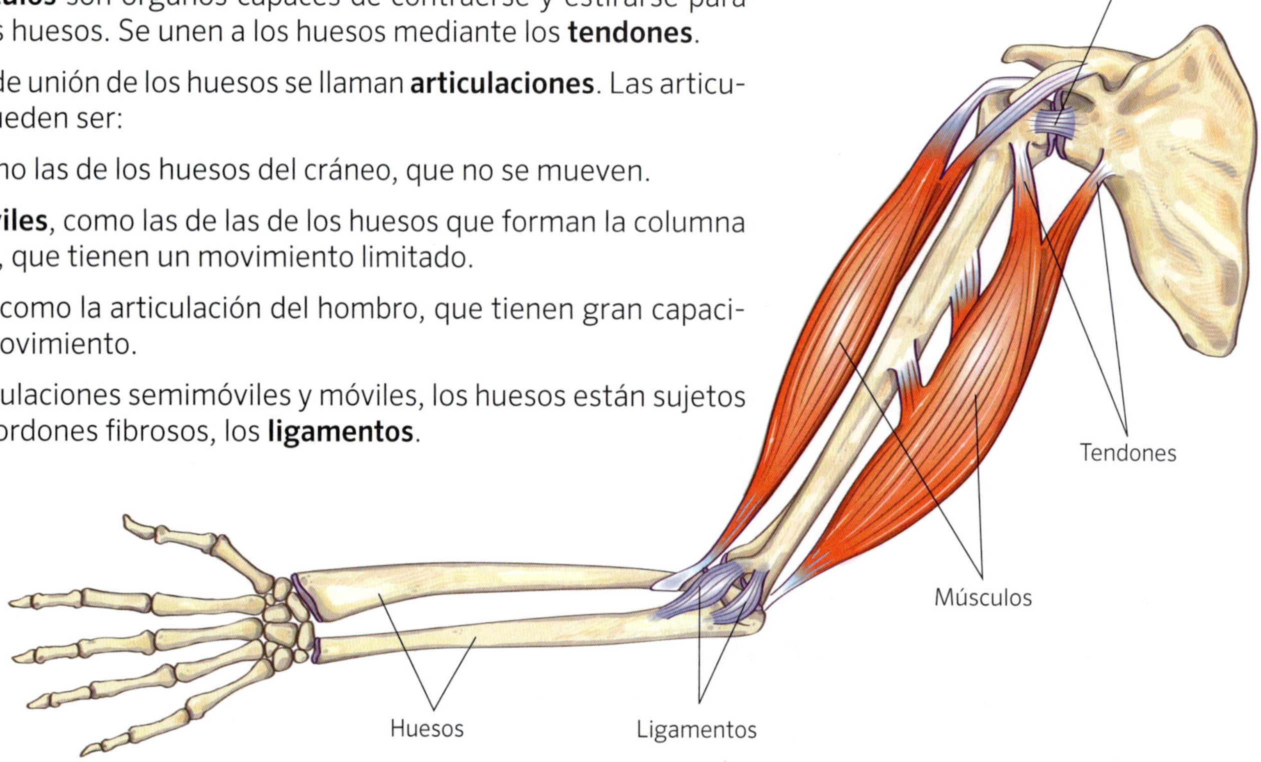

- Los **órganos efectores** se encargan de **ejecutar** las **respuestas**. Las respuestas pueden ser un **movimiento** o la **elaboración** de **sustancias**.
- El **aparato locomotor** está formado por **huesos** y **músculos**.

Principales huesos y músculos del cuerpo

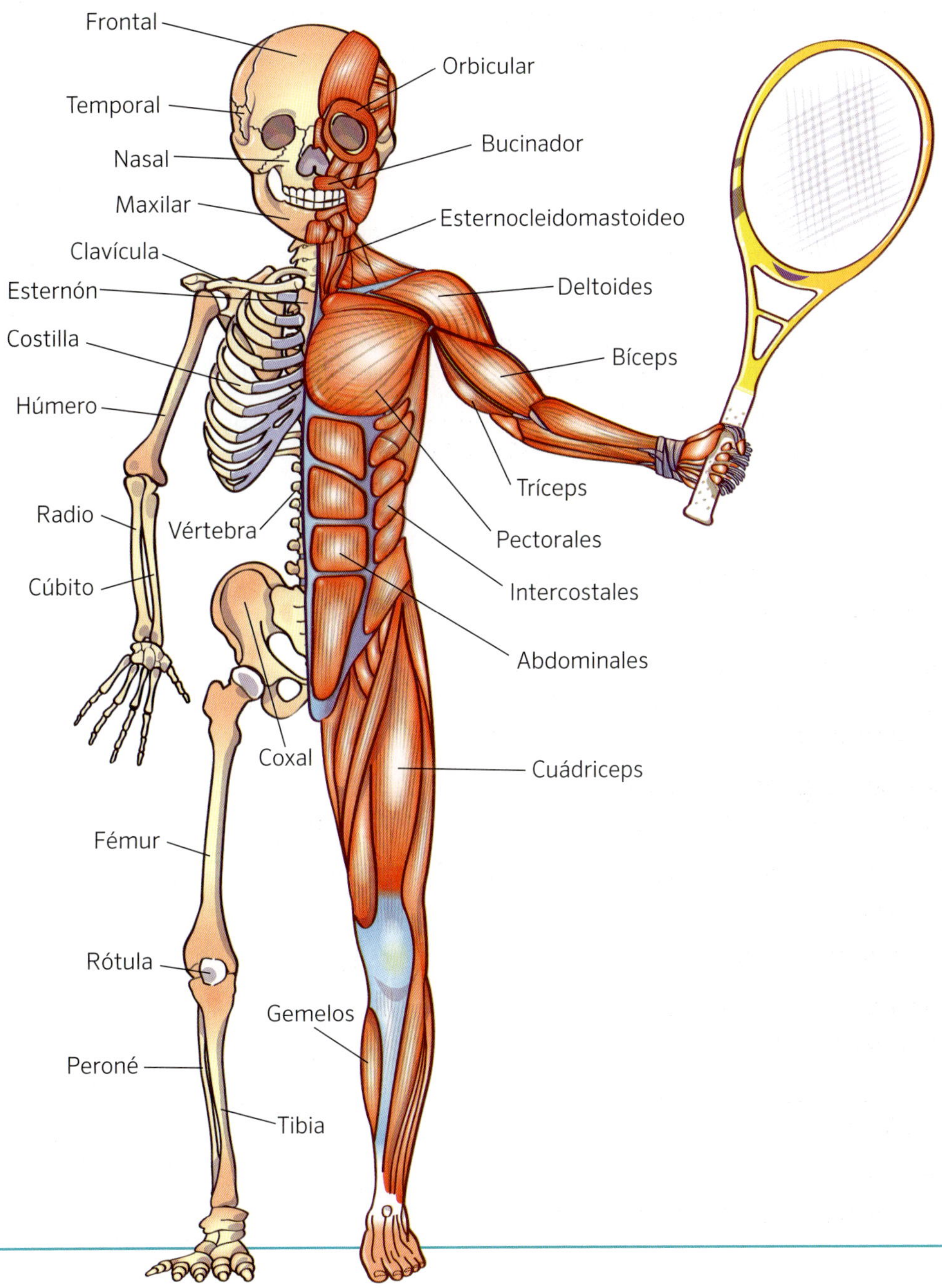

Taller de ciencias

Construye la maqueta de tu brazo

Realiza una maqueta de tu brazo con láminas de madera o de cartón, gomas elásticas y pasadores.

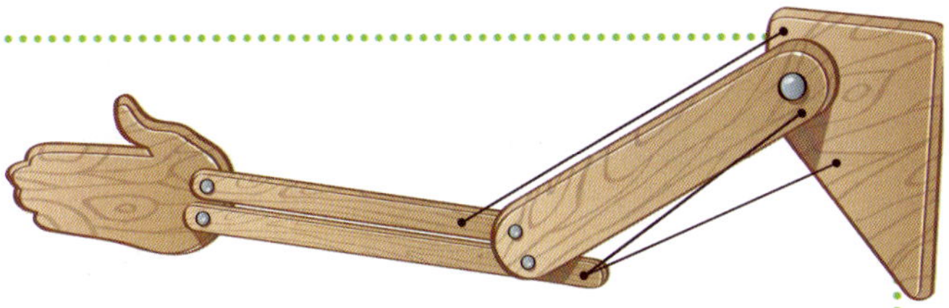

1. ¿Qué partes del aparato locomotor representan los distintos componentes de la maqueta?
2. ¿Qué les ocurre a las gomas al doblar la maqueta del brazo? ¿Y al estirarla? Relaciónalo con lo que les ocurre a los músculos de nuestro cuerpo correspondientes.

El libro **Ciencias de la Naturaleza para 6.º de Primaria** forma parte del Proyecto Editorial de Educación Primaria de SM. En su realización ha participado el siguiente equipo:

Autoría: Isabel Pueyo, Montserrat González, Alicia Soria
Antonio José Hidalgo (Locos por la ciencia)
Juan Miguel Hidalgo y Vicente Moratalla (Proyectos trimestrales)

Asesoría científica: J. G. L. de Guereñu

Edición: Esther Sánchez, Marta Balbás, Almudena de Andrés (edición digital), Virginia López

Corrección: David Busto

Ilustración: Luis Doyague, Ángel Ovejero, Jorge Galan Liquete, Diego Burdío, Alberto Díaz Pérez/Pelorroto, Antonio Muñoz; Nicolás Fernández; Eduardo Rodríguez; José Luis Navarro; Montserrat Nieto; Félix Moreno/Archivo SM, Víctor Fuertes/Archivo SM; Archivo SM

Fotografía: Fidel Puerta, María Pía Hidalgo, Juan Baraja, Almudena Esteban/ARCHIVO SM; Félix Moreno Arrastio, Chris Cannon, Empower Playgrounds, Inc.; Jim Wehtje PHOTODISC; Nico Smit/Dreamstime; SCIENCE PHOTO LIBRARY (AGE FOTOSTOCK BARCELONA)/AGE FOTOSTOCK; LATINSTOCK; PHOTONONSTOP; BARRES FOTONATURA; THINKSTOCK; CORDON PRESS; 123RF; SHUTTERSTOCK; iStock; GETTY IMAGE

Edición gráfica: María Pía Hidalgo

Diseño de cubierta e interiores: Estudio SM

Responsable del proyecto: Mireia Casaus

Coordinación de contenidos digitales: Mara Mañas

Coordinación editorial de Ciencias: Laura Pérez

Coordinación editorial de Primaria: Nuria Vallina, Nuria Corredera

Dirección de Arte del Proyecto: Mario Dequel

Dirección editorial: Aída Moya

Ilustración de cubierta
de Jesús Gabán,
del libro *Versos del bosque*,
SM, 2013.

Todas las actividades contenidas en este libro han de ser realizadas en un cuaderno aparte, nunca en el propio libro.
Los espacios incluidos son meramente indicativos y su finalidad es puramente didáctica.

Gestión de las direcciones electrónicas
Debido a la naturaleza dinámica de internet, Ediciones SM no puede responsabilizarse de los cambios o las modificaciones en las direcciones y los contenidos de los sitios web a los que remite en este libro.

Con el objeto de garantizar la adecuación de las direcciones electrónicas de esta publicación, SM emplea un sistema de gestión que redirecciona las URL que con fines educativos aparecen en la misma hacia diversas páginas web; entre otras de uso frecuente: http://es.wikipedia.org, www.youtube.es. SM declina cualquier responsabilidad por los contenidos o la información que pudieran albergar, sin perjuicio de adoptar de forma inmediata las medidas necesarias para evitar el acceso desde las URL de esta publicación a dichas páginas web en cuanto tenga constancia de que pudieran alojar contenidos ilícitos o inapropiados. Para garantizar este sistema de control es recomendable que el profesorado compruebe con antelación las direcciones relacionadas y que comunique a la editorial cualquier incidencia a través del correo electrónico ediciones@grupo-sm.com.

Cualquier forma de reproducción, distribución, comunicación pública o transformación de esta obra solo puede ser realizada con la autorización de sus titulares, salvo excepción prevista por la ley. Diríjase a CEDRO (Centro Español de Derechos Reprográficos, www.cedro.org) si necesita fotocopiar o escanear algún fragmento de esta obra.

© SM
ISBN: 978-84-675-8012-9
Depósito legal: M-08.264-2015
Impreso en la UE / *Printed in EU*

Este libro está impreso
en papelesprocedentes
de bosques gestionados
de manera sostenible